从内耗到心流

杨鸣·著

复杂时代下的熵减行动指南

电子工业出版社
Publishing House of Electronics Industry
北京·BEIJING

未经许可，不得以任何方式复制或抄袭本书之部分或全部内容。
版权所有，侵权必究。

图书在版编目（CIP）数据

从内耗到心流：复杂时代下的熵减行动指南 / 杨鸣著 . —北京：电子工业出版社，2023.1

ISBN 978-7-121-44516-3

Ⅰ．①从… Ⅱ．①杨… Ⅲ．①认知心理学—文集 Ⅳ．① B842.1-53

中国版本图书馆 CIP 数据核字（2022）第 208907 号

责任编辑：于　兰
印　　刷：三河市良远印务有限公司
装　　订：三河市良远印务有限公司
出版发行：电子工业出版社
　　　　　北京市海淀区万寿路 173 信箱　邮编：100036
开　　本：720×1000　1/16　印张：19.75　字数：336 千字
版　　次：2023 年 1 月第 1 版
印　　次：2024 年 5 月第 9 次印刷
定　　价：79.00 元

凡所购买电子工业出版社图书有缺损问题，请向购买书店调换。若书店售缺，请与本社发行部联系，联系及邮购电话：（010）88254888，88258888。
质量投诉请发邮件至 zlts@phei.com.cn，盗版侵权举报请发邮件至 dbqq@phei.com.cn。
本书咨询联系方式：yul@phei.com.cn。

自序

对抗熵是一生的功课

成年人的无感症

"为什么我快乐不起来？"不久前一位老友发了这条微信给我。

这句话很多人问过自己，我很不以为然："这不正常嘛，每天'996'，回来要带娃，谁能快乐得起来？""不不不，"他连忙纠正，"这几天不加班，娃也被老婆带去旅游了，可我还是没法让自己开心点。"这位老友的事业、家庭令人艳羡，平时忙到飞起。他以前是个深度游戏迷，一直嚷着要玩完《塞尔达传说：旷野之息》。现在有了大块的独处时间，却几次拿起手柄都没有玩下去的欲望，最后什么都没做。

原来是这样。

如果人在做"正事"时难以投入尚且可以理解的话，那在做最喜欢的、纯娱乐的事时都进入不了状态，就确实是个问题了，而且还不小。看看我们身边的人，再看看我们自己，这个现象在都市人群中越来越普遍，顺便戳穿了一个独属于成人世界的假象。

拥有多个社会身份的我们，一直以为自己不快乐是因为外部条件不允许，比如工作太忙、钱没赚够、需要承担家庭责任等。如果始终没有条件倒也没什么，怕就怕像我的这位老友一样，一个个条件都满足了，一朝放空，却意识到原来是自己"不行"，真的沮丧。其实，我们日常语境下说的"不快乐"，并不是一种情绪，也不一定是因为什么事导致的，而是一种叫作"无感"的状态：哪怕已经获得了高于所需的物质条件和社会地位，生活中仍难有愉悦感和幸福感。

与其说快乐不起来，不如说：感受不到快乐了。

思考"快乐"，向熵宣战

我曾经也有过两段时间处于这种状态。

第一段是十几年前，大学刚毕业的我在某游戏厂一路从PM做到BA，幸运地见证了这个产业由衰至盛又盛极而衰的过程。那是个魔幻但给人希望的时代，除了游戏业，其他新兴行业乃至整个社会都弥漫着狂热的气氛，大家都相信自己就是"风口上的那头猪"。当时虽然"内卷"这个人口社会学概念还未进入大众视野，但每个人已经在心照不宣地"卷"了，我也不例外：加不完的班，立不完的项，每天接近凌晨回家时，还会在路上回味那种痛苦带来的快感。

客观讲，那段时间对个人能力的提升是非常显著的。问题是，这种建立在欲望上的"鸡血"状态不可持续，一旦受挫，内心便没有其他东西支撑。临近2008年北京奥运会的时候，这个挫折成真了：当时我所在的项目组筹备两年多的奥运游戏完成开发，已经顺利拿到奥委会授权，却因某些不可抗力，游戏直至奥运会拉开帷幕也无法上市。那天晚上，我是和几位同事一起流着泪看完开幕式的。

巨大的期望从天上掉到地下，人的状态肯定会受影响，但这并非重点。真正震动我的，是一起奋战了两年多的同事一个个像变了个人似的：每天上班刷论坛、刷交友App，到点收工去喝酒，聚在一起时也不再讨论新事物……

亲眼看着从不随波逐流的战友们主动选择变"废"，我想到了自己不久后的样子，感到一阵恐惧。之后虽然工作一切如常，但以前经常体验到的快感消失了，随后对各种休闲活动的感受也消失了。那段时间我反复问自己：

"我真的这么热爱这份工作吗？还是我其实爱的是那个充满激情的自己？"

"做这份工作的乐趣到底是真的还是假的？"

"如果继续做下去，我还能从中得到乐趣吗？"

"既然结果不能控制，每个人为此付出的代价有意义吗？"

密集地思考这些问题让我陷入了一种前所未有的虚无感，也开启了一整年的无感期。在这期间，我将大块时间用于独处和阅读，也向一些前辈请教过，希望找到答案——这自然是找不到的，作为一个反鸡汤的无神论者，那些感性的、动情的解释非但说服不了我，反而激发出更多疑问，结果连起码的心灵慰藉都没得到。

最后，我终于意识到一件事：像自己这样的死理性派，唯有通过科学的脉络追索得到的答案才有可能是解药，于是我决定暂别职场再次求学，期望推开学术研究这扇大门。

打定主意后不久，我提交了辞呈。上司非常通情达理，与我做了一个约定：如果申请学校成功，就在下一年入学前正式离职，申请不成功则和公司续约继续工作。然后在次年九月，我怀着对老东家的感激和对找到答案的希望，在香港开启了学术探索之路。

新的生活和新的环境总是令人兴奋的。作为一名学术菜鸟，我自然是每天拼命读文献、琢磨选题方向。但没想到的是，第二段无感期就发生在攻读博士学位的第二年。

由于和以前一样用力过猛，在临近开题报告时我突然丧失了动力，在宿舍窝了一个多星期，整天对着电脑，根本无法专注地开展研究。最麻烦的是一直追的美剧不想追了，网球不想打了，和他人没有交流的欲望了，即全方位无感。当时我正在进行的课题背景是抑郁症防治和说服，测量工具都是现成的，于是我顺便做了一次自我诊断，结果是差一点就达到中度抑郁失调了。

在那段挺"丧"的日子里，一位最信任的、可以说是半个父亲的导师推荐给我一本书：*Flow: The Psychology of Optimal Experience*，也就是《心流：最优体验心理学》的英文版。他要求我精读，我照办了，然后那些关于"快乐"的答案逐渐浮现出来（虽然还只是些碎片）。其中最触动我的是米哈里·契克森米哈赖（Mihaly Csikszentmihalyi）在书中描述的精神熵（也叫心熵）概念，它让我顿悟了自己两次突然陷入无感的原因：太多无关联的目标和想法使得意识越来越混乱，大脑无法聚集认知能量向同一个方向做功，到某个极点便触发了内心秩序的临时解体（熵死）——其实就是被熵压垮后的内耗综合征。

研究生身份最大的好处是有了访问各种国际学术数据库的权限，接触到的资料不但又新又全，还全免费。随后几年我开始大量涉猎心理学、行为学、社会学、传播学等学科的知识，将吸收的各种理论进一步总结成各种熵减方法并进行实践。有了一些储备后，我开始向熵宣战：一边倾听内心的价值取向、辨析每一个决策背后的驱动力来源、排除知行不合一的选项，一边只将注意力集中在真正值得追求的目标上，一段时间后，我发现我每天做的事情大幅度减少了，内心却充盈了许多。

在紧张的博士论文写作期间，我甚至还有余力做了一个我一直很想做的社会实验：开发一个挑战马太效应的P2P知识分享平台，为初入职场的年轻人以最低成本匹配到有帮扶新人意愿的行业前辈。写论文和做产品这两件事都极其耗费精力，但我通过不遗余力地做熵减实践，居然最后也兼顾了。次年，这个产品原型获得了香港特区政府数码港创业基金的扶持，同年我通过了论文答辩顺利毕业。

内源动力的小实验

这段经历使我确认了认知熵减的价值，其本质是重构一个更精巧、更简洁、更节能的思维行动框架，在生活中化繁为简，通过行动感受对人生的掌控——如此，才会收获真正的快乐。

自此，我开始提炼思考后的答案并将其融入认知熵减理念，逐渐形成了一套系统。当我将这些心得拿给一群好友看时，他们问为何不分享出来，"肯定很多人有这些问题啊！"当时我一愣，这个我好像真没想过，毕竟这些年做这些研究的初衷，只是为了解决自己的问题。其中一个朋友的一句话打动了我："最高效的成长，不就是边学习边输出、边输出边获取反馈吗？"在这个好友的建议下，原本连朋友圈都懒得发的我，在小红书上开设了"鸣戈de认知自习室"。

这个自习室是我个人的小实验，用于测试熵减理念能否在现实中应用，另一个目的是借输出倒逼自己不要停止学习。随着越来越多的人在"鸣戈de认知自习室"后台留言，我发现被精神熵困扰的人群如此多元：工作安稳却克制不住焦虑的大厂打工人、正在念大学的校园"卷王"、犹豫该不该放弃的创业者、想突破认知局限的宝妈、因伤退役的国家级运动员、充满身份困惑的留学生、陷入"意义陷阱"的年轻学者，甚至还有思维成熟得令人汗颜的中学生……

在沟通中我能明显感觉到这些人的基础认知都不低，而他们宝贵的反馈几乎都指向一个共同的诉求：想摆脱"想太多"又"想不明白"，想知道自己应该做些什么来重获内心自洽的力量。作为同样在探索的普通人，虽然他们的具体问题我一时也回答不了，但我能确定的是：在资讯纷杂的今天，很多事是越想越不通的，唯有先行动起来才能将方向看清楚——而在这个过程中，重建一个低熵值、秩序井然的认知内核是必修课。所以，这个想法驱动着我把这些年从"探索快乐"到"认知熵减"的心得，转化成了你手上的这本书。

这是一本关于你的书

好了，关于自己我就说到这里，其实已经太多了——毕竟，这本书不是关于我的，而是关于你的。

在这个"卷"与"躺"两种冲突价值观并存的时代，你大概比过去的我更痛苦。和十多年前相比，今天的世界更魔幻，它激起了人们更多的欲望，却无法给予相应的希望，各种噪声在我们的意识里肆意游走，不断制造着精神熵。对抗熵是每个人一生的功课。但这本书不是一份救命稻草式的快速指南，也不是一份按摩心灵的美文读物，它是一份邀请函：邀请你走出舒适圈，做一次从思维到行动的熵减实践。在读的过程中你可能会觉得冰冷，甚至会因为与固有观念不符而不舒服。然而，如果你和我一样只能接受在科学逻辑下的解释，那说明你当前的认知已经无法仅借助那些低级快乐来"骗自己过一辈子"了（虽然有很多人可以）。

很"不幸"，但请接受这一点吧：你只能往上走，寻求更高级的快乐。

如果你准备好了，那就翻到第一章，我们一起重新思考"快乐"，开始这段熵减之旅！

杨　鸣

2022 年 3 月 10 日

目 录

上篇

欢迎来到熵减的平行世界

第一章　我们的人生正被操控　// 002

　　自我认知的悖论　// 003

　　当人们讨论"快乐"时，他们到底在讨论什么　// 008

　　掌控感：人类一切行为的终极动机　// 013

　　所谓命运：认知的蝴蝶效应　// 016

　　成长或退行：路径依赖的两种螺旋　// 020

　　内耗的根源：精神熵　// 024

　　熵增社会：一个无止境做加法的世界　// 032

第二章　认知熵减：从无序到有序　// 036

　　对抗熵增：生命以负熵为食　// 037

　　熵减的底层逻辑：将自己打造成开放系统　// 041

　　替换思维：从固化型思维到成长型思维　// 044

唤醒意识：从舒适圈到伸展圈　// 049
修正行动：从结果导向到过程导向　// 054
熵减践行理念：为开放系统主动做功　// 060
引入负熵：为自己找到高质量能量源　// 064
集中做功：将认知能量聚焦在一处　// 072

第三章　熵减践行：做一名轻装上阵的行动派　// 080

测一测：你当前的多维熵值和成长熵型　// 081
践行准备：为内心这个小黑屋做个大扫除　// 090
践行第一步：洞察自己的优势特质和动机　// 107
践行第二步：选出值得投入认知能量的事　// 116
践行第三步：明确定义你的行动目标　// 122
践行第四步：诊断出阻碍你行动的元凶　// 126
践行第五步：通过行动链实现熵减生活　// 133

中篇

勇敢应对内耗的现实世界

第四章　都市时代病的熵减指南　// 140

拖延症：一辆同时踩着油门和脚刹的车　// 141
强迫症：停不下来的消灭小红点之战　// 153
手机依赖症：没了它就不知如何生活　// 160

选择困难症：谁来帮我做个决定　// 168

第五章　复杂头脑的熵减指南　// 175

心智理论："我知道你知道我在想什么"　// 176

"选丑"与"选美"：运用心智力做决策　// 182

"内语"：认真聆听自己脑中的那个声音　// 188

多巴胺跷跷板：如何"骗"大脑去做困难的事　// 193

第六章　复杂关系的熵减指南　// 198

给恋爱中的你：别成为熵值爆棚的恋爱脑　// 199

给走不出失恋的你：一个硬核办法请收好　// 203

给社交苦手的你：如何做一个"社杂"青年　// 208

给卷入恶性竞争的你：警惕身边的"幼稚社达"　// 214

（下篇）

拥抱更高级的快乐

第七章　心流：无与伦比的负熵体验　// 220

"反心流"的现代生活　// 221

快乐的秘密：心流为什么那么爽　// 226

两种心流：成瘾性的 vs. 非成瘾性的　// 231

解锁心流：像玩游戏那样做一件事　// 234

专注力控制：进入心流的基本功　// 242
　　　"沉浸的人生"：高手们的心流世界　// 251

第八章　持续幸福的支点　// 260
　　　愉悦的幸福，满足的幸福　// 261
　　　创造：幸福感的高峰体验　// 266
　　　利他：幸福感的持久秘诀　// 271
　　　艺术：幸福感的放大神器　// 275

第九章　更好的自己在不远处　// 279
　　　知行合一："真知"与"真行"　// 280
　　　善用独处：让自己静静地发光　// 285
　　　最佳的践行：将熵减理念带给他人　// 290
　　　想方设法做一个简单的人　// 293

后记　// 293

参考资料　// 297

XIII

上篇

欢迎来到熵减的
平行世界

︙

生命以负熵为食……新陈代谢的本质，就是生命不断对抗熵增的过程。

What an organism feeds upon is negative entropy…the essential thing in metabolism is that the organism succeeds in freeing itself from all the entropy it cannot help produce while alive.

——埃尔温·薛定谔（Erwin Schrödinger）

《生命是什么》(*What is Life with Mind and Matter*)

第一章

我们的人生正被操控

你将从本章了解到

为何客观的自我认知这么难

何为真正的快乐和幸福

惯性认知和理性认知的分工

为何人那么容易随波逐流

内心那些精神熵是怎么来的

自我认知的悖论

年轻的日子还很长,可是今天又无所事事,
忽然有一天你发现十年过去了,没人告诉你该什么时候起跑,
噢,你错过了发令枪。
计划最后总是要变成零,或是变成那草草的半页纸。
活在安静的绝望中,这是英国人的方式。
时光流逝了,歌也结束了,但总觉得自己还有话要说。

——平克·弗洛伊德,《Time》

《Time》的这段歌词指向了一个残酷的人生真相:只有当生命接近尾声时,人们才知道自己究竟是不是这段人生的主宰。

作为250万年前才演化出前额叶皮层和自我意识的生命体,人类的一生相比缺乏自我意识的动物要痛苦得多。动物依据2亿年前形成的生存本能行事,它们会为饱腹展开捕猎、为繁衍争夺交配权、为保护领地结群索居,当这些欲望都被满足后,它们便会停下来休息。

人类的欲望不仅无休无止,多数还受到内外部操控:在生物性本能的驱动下,我们哪怕没有生存之忧也会无节制进食、过度消费;社会文化则自我们出生起便开始植入各种规范,并在适当时候利用这些规范让

我们做出违心的决定；在生活中，他人经常有意无意或加固或质疑我们的一些信念，我们的心理能量被反复消耗，永远无法像动物那样心安理得地休息。

人类自视为地球的主宰，而面对自己时却无所适从。多数时间，我们都处于内心失序状态——正如"心流"（Flow）之父米哈里·契克森米哈赖指出的："（在日常生活中）我们很少因心（heart）、意（will）、念（mind）的同步而内心涌现平静。意识、欲望、意图及思绪总是互相抵触，我们很难化解其中的分歧，使它们起步前进。[1]"

这种不同步甚至自我们幼年便已经开始。

当那个小小的自己特别想吃碗里那颗最大个儿的草莓时，即使身边没人注意，伸出去的手也会犹豫一下。把这颗草莓攥在手里后，有的孩子会迅速将它塞在嘴里，有的孩子会转身递给身边的小朋友，如果这时候还有大人们意味深长地看着，指指点点，这个孩子内心的"小剧场"就拉开序幕了……小的时候想要的不敢要，长大后这种不同步更错综复杂，变成想要什么都不太确定了，于是什么都想要。在休息日被一个关系很好的上级约去喝酒，一方面为堵车迟到害人等而内疚，一方面又莫名有些痛快；路上反复对自己说今天只谈风月不谈事业，聊天时却盼望对方主动提起今年的考核结果，可对方真给了好消息，又觉得自己怎么这么虚伪。

---

1 摘自《发现心流：日常生活中的最优体验》第53页，中信出版社出版。

偏离轨道的自省

内心失序自然是很不舒服的，也常被人将其与自我认知不足联系在一起。很多人总以为只要能足够了解自己便能丢掉包袱轻松前行，于是一种叫自省的活动开始在都市盛行，但效果令人存疑。

通常情况下，人们只会在认为自己做错了事，或生活不顺遂时才会自我反省，然后收获的是各种负面感受：自责、沮丧、羞愧、懊恼……如果没有接受过专门的训练，这些对自我的攻击只会导致心态更差，无助于客观分析问题。那么在生活顺遂、心情平静时呢？虽然这才是有效自省的良机，但谁又会在这个时候去回忆那些令人不快的事呢？

自省是当代推崇独立人格潮流的衍生物，它要求人们不戴有色眼镜，像个旁人般审视未加工过的念头，正视自己真正的痛苦和缺陷，最终在这个过程中形成更客观的自我认知。但在没有专业人员控场或没有受过专门训练的情况下，大多数人独自开展的自省往往是自欺欺人的，因为用第一人称剖析自己的问题，就像既做裁判又做运动员，最终换得的不过是一些能让人舒服起来的自我开解。一个家暴过妻子的男人，即使事后深刻反思、表现出真诚的忏悔，除非代价异常惨痛，否则日后大概率还会举起那对拳头——承认"一时控制不住，我错了，我会改"并不困难，但承认"自己有严重缺陷，对你施暴必定会发生，早晚而已"异常艰难。

生活中这样的例子也比比皆是。

想学习——"先玩一会吧，不放松哪有好的学习状态"（这是为了更高效地学习）；想早起——"不迟到就行了，不多睡会儿怎么有力气上班"（这是为了保证工作表现）；想戒烟——"再抽最后一根，明天任何人递烟都不接"（都怪他人引诱，面子总要给的）……好像每一件做不到的事，都有一个更正当的理由。"自我"是一名利己的解释大师，它合理化行为动机的能力胜过任何律师，这就是为什么很多人以为自己想明白了，但依然会把同样的错犯了又犯。因此瑞士哲学家、诗人亨利·阿米尔（Henri Amiel）曾说过一句话，**"我们最大的幻觉，即相信自己就是我们所认为的那个人。"**

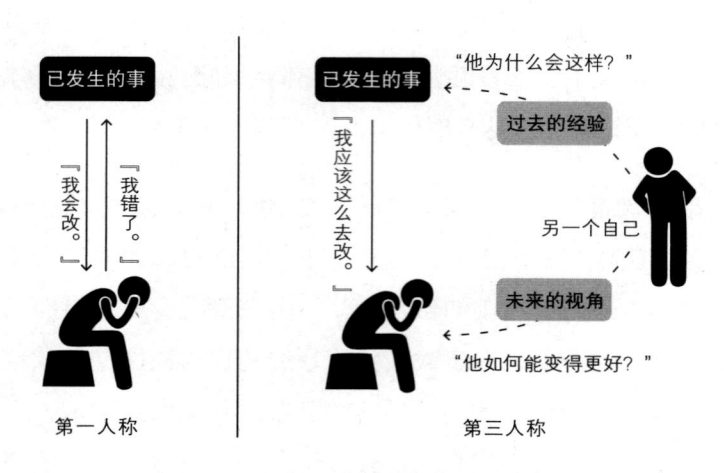

图 1　自省的角度

我们身边也不乏这个现象。

越用力窥探内心、越渴望了解自己的人，往往越难形成对自己的认同，在决策时也经常摇摆不定。要跳出这个自我认知的悖论，不是靠想，而是靠做。真正能回答"我是谁"的，不是一次又一次的自我剖析，而是在向某个方向前行的过程中，自然而然形成的那个"当前的我"，然后在修正行动时形成一个"更好的我"——换句话说，人是通过结果定义自己、通过行动发现自己的。当一个人每天都很想把书中读到的共鸣说给更多人听时,他就知道自己原来是一个渴望和他人分享认知的人,或许做个读书博主是个不错的主意。如果发现自己持续产生一种想用文字与自己和他人对话的冲动,那成为一名写作者也是自然而然、水到渠成的事。

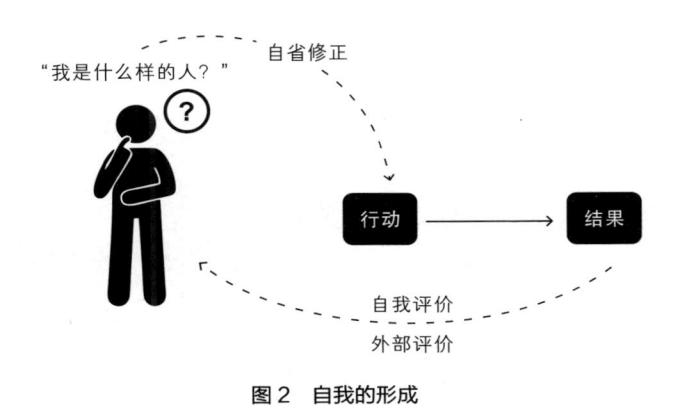

图 2 自我的形成

当人们讨论"快乐"时，他们到底在讨论什么

幸福三角：享乐、投入、意义

人们之所以在了解自己这件事上孜孜不倦，除了天生的好奇心，所有的努力都指向一个期望：得到快乐，以及由快乐构建的理想人生。追求快乐是自我成长的永恒主题，人们都想变得更好，隐含的期望是更好的自己会更快乐。

你想要的快乐是什么样的呢？像烟花般绚烂但转瞬即逝的快乐？如醉酒般刺激失控的快乐？好似品一杯上乘葡萄酒般层次复杂、丰富的快乐？还是如山涧溪流般从容绵远的快乐？如果拉到人生的长度，你我想要的大概都是持久恒远的快乐吧。

"快乐"是个很抽象的概念，每个人对获得它的途径见解不一，而且时常变化。多数人追求财富名望，一些人追求健康和完美家庭，也有人追求心灵修行和自我实现，这些不同不应视为人和人的境界差距（这也是需求层次理论[2]在大众传播时经常被曲解的地方），而应是在人生不同

---

[2] 需求层次理论（Maslow's Hierarchy of Needs）由亚伯拉罕·马斯洛（Abraham Maslow）在1943年发表的论文《人类动机的理论》中首次提出。该理论从人类动机的角度提出需求的五个层次，是人本主义心理学的代表。大众传播中对该理论的简要解读都非常冰冷，事实上，马斯洛是一名极具人性关怀的学者，他的原著充满了温暖的洞见。

阶段对快乐的不同解读。

那么快乐到底是什么？或者更进一步，理想的幸福人生是什么？这个问题问的其实是：到底什么决定了人们的主观幸福感（Subjective Well-Being）。

积极心理学[3]奠基人之一马丁·塞利格曼（Martin E.P.Seligman）精辟地阐述了支撑幸福感的三个支点。

- **享乐**：充满享受的生理体验，包含喜悦、狂喜、温暖、舒适等对当下积极情境的主观感受，代表的是"**愉悦的人生**"。

- **投入**：在参与家庭、工作、爱情与个人爱好等活动时体验到的心流。心流是一种延绵不绝、内心充实的快乐。这种快乐不需要外部奖励，是属于内源性的，当完全沉浸其中时，时间好像停止了，自我意识消失了，代表的是"**沉浸的人生**"。

- **意义**：充满释放自我潜能的动力，能为达到超越当前能力的目标不断行动。意义带给人的既有主观感受，也有客观判断，感受到的是先抑后扬的高峰快乐，代表的是"**有价值的人生**"。

这三个支点撑起了一个幸福三角，决定了人们在心理层面上对当前生活的满意度。

---

3 积极心理学（或称正向心理学，Positive Psychology）是20世纪90年代兴起的心理学研究领域，它的理论框架由两名核心奠基人——提出习得性无助及PERMA模型的马丁·赛利格曼，和提出心流的米哈里·契克森米哈赖奠定。这门学科的诞生目的很明确，拿马丁的话来说，"我就是想知道，到底是什么让我们觉得这一生值得一过。"

图3　幸福三角

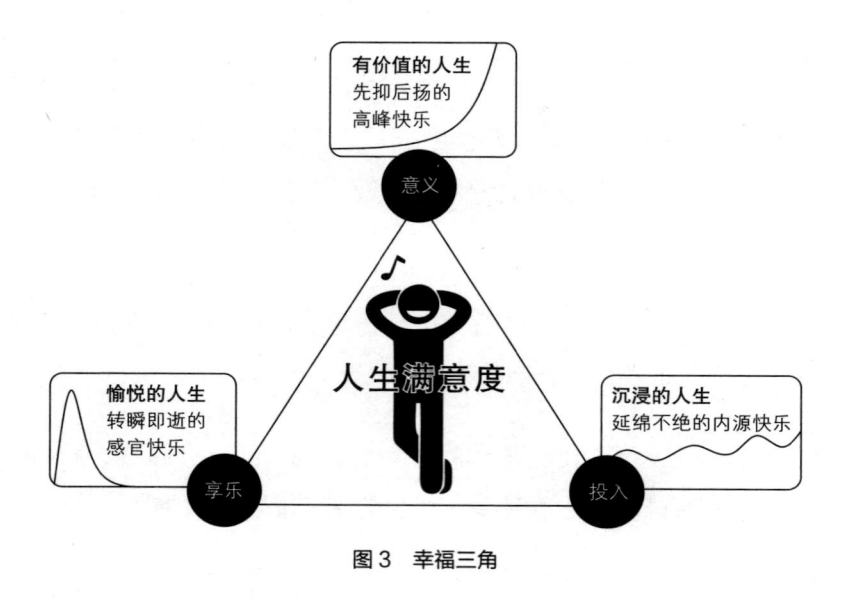

不可持续的"享乐"

大部分人最熟悉的快乐，很显然，主要来自第一个支点"享乐"。这种快乐并不难获得：喝奶茶很快乐，双十一"剁手"很快乐，和一群朋友旅行、K歌很快乐……这没什么不对，问题是太不持久，想维持这种快乐需要不断增加频次和花样。源自享乐的快乐是大脑为满足本能欲望而设置的诱饵，只要目的达到就会烟消云散。

契克森米哈赖对此一言以蔽之：

享乐的片刻转瞬即逝，不能带动自我成长……（它）是基因为物种延续而设的一种即时反射，其目的非关个人利益。进食的快乐是为确保身体得到营养，性爱的快乐则是鼓励生殖的手段，它们实用的价值凌驾于一切之上[4]……当一个男人在生理上受一个女人吸引时,他会想象自己的欲念是发乎个人意愿的。但实际上,他的性趣只不过是肉眼看不见的基因的一招布局,完全在操纵之中[5]。

过去数十年的经济学研究表明,在"享乐"层面的快乐上,亿万富翁也就比普通打工人高那么一点点,他们最大的快乐来自别处。这也不难理解,消费主义发展到今天已经陷入了瓶颈,人类的各种欲望早被大数据催化到极致。基因再贪婪也知道无度地摄入热量、不停地分泌多巴胺只会死得更早,因为这有悖于生存原则。

这里并不是说不该追求享乐,更没有道德评价(相反,欲望动机非常重要,尤其对还处于积累期的年轻一代),而是陈述一个每个人早晚都会面对的真相:只要不是持续性的极度贫穷(翻开这本书的你一定不是),当财富积累到一定程度时,"享乐"带给人的幸福感就停滞了。诺贝尔经济学奖得主、《思考:快与慢》的作者丹尼尔·卡尼曼(Daniel Kahneman)早就发现,美国人幸福感的上限为年收入7.5万美元,超过这个临界点后,幸福曲线开始大幅偏离收入曲线——在有足够金钱获得满意的饮食、满意的住所以及用于享乐后,幸福水平和收入水平就不再显著相关了。反观在中国生活的我们,如今收入显著提升,早就实现了"星巴克自由",但相比于刚毕业拿着那份实习生工资的自己,快乐涨了多少?

后两个幸福感支点——"投入"和"意义",才是持久、深邃的快乐来源。它们诠释的是一种"主动参与、自给自足、充满掌控感的人生",

---

4 摘自中信出版社《心流:最优体验心理学》第123页。

5 摘自中信出版社《心流:最优体验心理学》第82页。

所体验到的满足和"享乐"是两个世界。将行动付出在"投入"和"意义"的目标上，才能真正认识自我潜能、定义自己是谁——这些话听起来很像劝人奋进的空洞鸡汤（换作十几年前的我，读到这里也会一笑弃之），但实际上它既真实又严肃。可能有的人会说，"我就是我，是不一样的烟火，是扶不起的阿斗"。这种"要接受不完美的自己"也是很流行的观念，但它真正的含义是坦然面对当下的缺陷，而不是心安理得地逃避。

我们都很熟悉的法学家罗翔不仅精通刑法，也熟稔人性。在一次直播中，他做了一个关于快乐选择的测试。罗翔向学生们发问："如果有以下三个东西可以让你快乐，但只能选一个，你选哪个？一是'小黄书'，二是郭德纲的相声，三是莎士比亚的著作。"大部分学生选了二。罗翔笑了："是不是有些人想选'小黄书'，但不好意思，没敢选？"学生们哄堂大笑。罗翔继续发问："也有人想选莎士比亚吧，但怕别人说自己装，所以没敢选？"一些人笑出了声，说"是的"。

"好，下面一个问题来了。"罗翔提出了核心问题，"如果这三个东西只留一个给你的后代，你怎么选？"这次，所有人都选了莎士比亚。

掌控感：人类一切行为的终极动机

现在的"我"可以妥协，因为正活在当下，而后代是理想中的"我"，他们活在未来。

当下的快乐充满了敷衍和无奈，我们不是不向往更高级的快乐，但是这太难了。个中差异多数人并非体会不到，这也是为什么那句TVB名言"做人最重要的是开心"经常会被人调侃。虽然能体会，但人们还是将"享乐"作为首要的快乐来源，因为它触手可及，付出金钱或时间就能保证得到，而"投入"和"意义"虚无缥缈，令人无从下手。

那么，追求"投入"和"意义"的快乐到底难在哪里呢？难在**不确定**。

人是天性追求确定性的物种，通常不愿意不计得失地在一件回报不确定的事上先付出（所以我们宁愿将莎士比亚留给后代），但会为一个可能会失去的人或物不惜代价力挽狂澜——经济学家称这种心态为**损失厌恶**[6]。失控确实是人类本能中最厌恶的感觉之一，有人病态地追逐财富和

---

6 损失厌恶（Loss Aversion）最早由经济学家丹尼尔·卡尼曼和阿莫斯·特沃斯基（Amos Tversky）在1979年的一篇论文中提出。他们的研究发现，人们对损失的反应远远强于收益，在面对同样数量的损失和收益时，损失厌恶使人们愿意付出2.5倍的代价来挽回损失，而不愿以同样的代价追逐收益。二十多年后，卡尼曼对这个理论进行了进一步的诠释扩展，并因此获得了2002年的诺贝尔经济学奖。

地位,"不赚到一个小目标不罢休",表象上看是无止境的贪欲,深层是对失控的恐惧。人们毕其一生追求的快乐、自尊、心灵安宁,支撑这些精神目标的力量,都来自对现实的掌控感——它不是指实质性的权势有多大,而是一种感觉,是自我与这个世界能否平等对话、是否界限清晰的主观感知。

我6岁时被表哥带去文化馆玩街机游戏,他花了9毛钱换了3枚游戏币,把其中一枚给了我。在飞机随着摇杆上下左右移动、子弹随着按下按钮射出的那个瞬间,我人生中第一次感受到一种奇特的、无与伦比的快感。因为技术很菜,游戏瞬间就结束了,那种感觉却像中了蛊一样在我心间挥之不去。我站在那台街机前,看着屏幕一遍遍播放自动演示动画而不愿离开,直到完全记下了动画中飞机移动的轨迹。一到没人玩的时候,我就立刻上去握住摇杆"控制"飞机,当手的动作和动画中飞机的移动精确匹配时,那种无与伦比的感觉又回来了!

回想起来,与其说当时的我是对游戏上瘾,不如说是对掌控感上瘾,哪怕假装在"控制"也已经足够快乐了。长大成人后,这种满足在我们对"假装"较真儿的那一刻便烟消云散——既想要确定的快乐,又不愿意进入不确定的过程,这成了很多痛苦的根源。放到现实中,有无掌控感取决于人们的每一个决定、每一个行动的结果与预期是否一致,未达到预期时会感受到挫败,达到预期时便会喜悦,超出预期时则会狂喜。如果经常达不到预期,人便会倾向于"接受不完美的自己",放弃变得更好——这就是著名的**习得性无助**[7]。

---

7 习得性无助(Learned Helplessness)由积极心理学奠基人之一的马丁·塞利格曼于20世纪60年代末提出并在动物实验中验证。这个理论随后在1975年首次以人类为被试进行的行为实验中得到再次证明,在通过条件控制使人在一个任务下形成了无论如何努力都做不到的信念后,即使换了一个没有设定限制条件的新任务,这些人也会主动放弃尝试,并将自己这种选择归因于不可控的外力。

掌控命运的欲望是人类一切行为的终极动机，虽然很多人未必意识到这一点。如果命运能预测，希望能预知自己未来幸不幸福、再决定今天这些事还要不要做的人，大概也不在少数。

所谓命运：认知的蝴蝶效应

你想预知自己的命运吗？小时候的我特别想。

在我小学四年级的某一天，校门口出现了一台"命运预测机"，上半部分是个闪着跑马灯的显示器，下半部分有一个凹槽，手掌可以放上去。给摆摊大叔5块钱，他就开这个机器，跑马灯转几圈后从中间吐出一张纸片，上面写着你是个什么样的人、以后会发生什么事。预测未来对好奇心本来就很强的小孩子有着无穷的吸引力，同学们纷纷贡献出自己的零花钱，拿到纸片就展开热烈讨论。其中一个同学连续测了两次，得到了两张命运不同的纸片，他留下了自己觉得预测更准和命运更好的那张，开开心心回家了，而在一旁没有零花钱换取那张纸片的我却产生了一个疑问：命运到底是注定的，还是能选择的？

我们从孩童一路走到成人，时不时会觉得自己的生命有诸多不顺，就像冥冥中被一双手操纵着。有时想做成一件事，不是不够努力，也不是想要的欲望不强，但就是做不成，或者做成了也不是原来想象的，这时我们往往会产生很多感慨，最后化为对命运无常的一声叹息。事实上，那些我们认为得不到或者得到也会失去的东西，其实从一开始我们在内心深处就不允许自己去要。那些在生命中出现的人、发生的事，无论是遇到贵人还是遭遇小人，无论是天上掉馅饼还是投资不幸被骗，大多也不是纯概率上的随机偶然，而是我们的认知倾向早早种下了这个因。

一个人在红灯时横穿马路被车撞飞，可以说是不幸的意外，也可以说是他漠视交通规则的代价。如果往根源挖掘，你会发现，他是一个坚信"老天应该是公平的，偏偏只对我不公平"的人。这种偏执的认知，造成他潜意识里藏着一个想在生活中获得超额对待的巨大欲望，为了对冲"老天不公"带来的心理不适，他会频频通过破坏规则而没受到惩罚来找回"老天对我也公平"的平衡，最终出了事故。如果换一个没有被这种偏执认知劫持的人，即使觉得最近很倒霉，也会选择谨慎行动来避免衰运继续，至少不会为了即刻发泄而把自己置于危险之地。

这个被撞飞的行人看似命运无常，其实是在偏执认知推动下一连串无意识行为的必然结果。

惯性认知和理性认知

今天人人都在谈论认知。那什么是认知呢？

所谓认知，就是人类大脑获得信息和加工信息的过程，包括记忆、感受、知觉、思维、想象、语言等，也是人类区别于其他非灵长类动物最本质的高级能力。人脑接受外界输入的信息后，经过认知系统的加工将其转换为内在的心理动机，进而推动一个人做出相应的行为。所以一组有缺陷的、偏执的认知会造就厄运，一组健康的、不断成长的认知则会庇护人生路上的每一步。认知既有高低，也分好坏，关键在于——我们需要成为自己认知的主人，而不能将其交给惯性。

我们头脑中有一组互打配合的黄金搭档：**惯性认知**和**理性认知**，它们分别掌控着两个不同的思考通道，正如丹尼尔·卡尼曼指出的——前者是依赖直觉、不消耗脑力的无意识思考（快系统），而后者则是需要主动控制的、需要投入专注力的有意识思考（慢系统）。现代神经科学研究也发现，惯性认知精力充沛、无比活跃，在处理简单、舒适、确定、有即刻反馈的"天性"型任务，比如唤起性欲、食欲、避险时，速度可达到1100万次/秒；相对的，理性认知刻意、缓慢，会反复推敲，大脑前额叶皮层在动用理性认知处理复杂信息，比如阅读、思考、写代码、做手工、欣赏艺术品时，虽然输出质量高得多，但速度只有可怜的40次/秒。两者在"带宽"上的差距，达20多万倍！

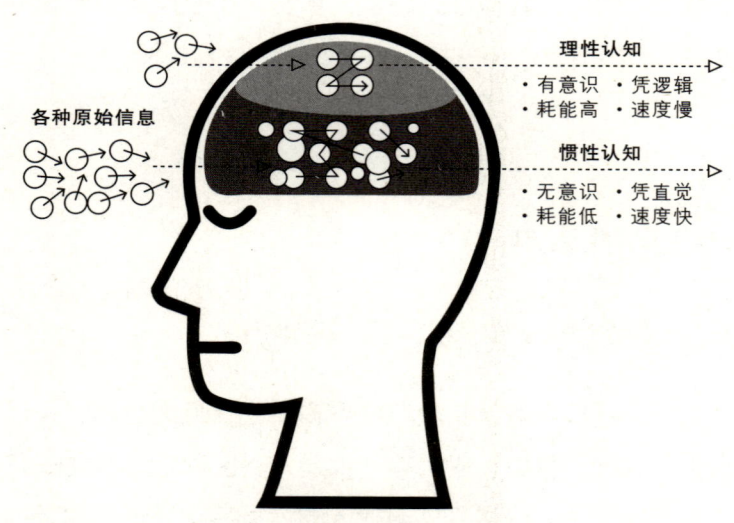

图4　理性认知和惯性认知的差异

　　惯性认知属于"无脑思考"，它能让我们在紧急关头不用多想便可迅速做出反应。新西兰心理学家瓦莱丽·穆鲁克（Valerie Mulukom）曾举过一个例子[8]。

一个人在黑夜中开车，突然一个无法解释的感觉使他稍微偏离路中心行驶，后来他才发现自己避开了刚才看不到的路陷，躲过了一次事故。虽然此人事后将其归因为直觉，但其实他之前已经在远处看到另一个司机在这个路段靠边驾驶了，当时他并没有意识到这一点，但当开到这个路段时他也在惯性认知的推动下照做了——如果要走理性认知的通道，恐怕一轮分析还没完成，悲剧就已经上演。

除了避险，惯性认知也是个给力的过滤器，它帮助我们把注意力放在最重要的信息上。你现在读这本书时，虽然视觉集中在这段文字上，但周围同时也发生着很多事，比如窗外有车经过，隔壁阿姨在做饭，你在嗅到菜香的同时，视网膜还在接收光线在纸面的反射，耳朵也在捕捉窗外传来的声音，等等。如果每一个无关紧要的信号都要进入理性认知通道来分析，那么这一秒的数据便需要约76分钟才能全部被处理完成——输出质量足够精细，但大脑恐怕已经过热阵亡了，关键是没有必要。所以当沉浸在书中时，我们只会隐约感觉到周围有动静，与外界似乎有一道无形的屏障，这就是惯性认知的功劳。

---

8 摘自 *Is it rational to trust your gut feelings? A neuroscientist explains*，该文于2018年5月16日在网络学术期刊 The Conversation 上发表。

成长或退行：路径依赖的两种螺旋

惯性认知那令人咋舌的高效，来自一项双刃剑般的特长——**路径依赖**[9]，它能把那些已经多次重复过的动作、经验、判断与相应的行为进行关联，超低能耗的同时又能超速反应。

基因演化出路径依赖的本意，是想让人在低能耗下适应环境、获得**认知成长**。

当一些比较复杂的活动练熟后，大脑便会将它们交给惯性认知形成自动路径（将存有固有经验的神经突触自动联结），腾出的脑力资源就可以分配给理性认知，让它有足够的力气去处理进阶的活动（生长出存有新经验的神经突触）——事实上，这就是后面会经常提到的心流的核心机制。比如打字，当这个技能形成一段时间后，我们通常就不会特别注意到自己的手指是怎么动的（通过肌肉记忆自动控制的路径依赖），而只需要集中注意力在想写的内容上。但在打错字要删掉时，惯性认知便立刻将这个特例任务转给理性认知，让它分配一点注意力控制右手小指、移到 Del 键上并按下去。而经过长时间训练后，很多人甚至连这点脑力都

9　路径依赖（Path Dependence）理论因经济学家道格拉斯·诺斯（Douglass North）在1993年获得诺贝尔经济学奖的《经济史中的结构与变迁》一文而获得巨大关注。诺斯认为，路径依赖类似于物理学中的惯性，事物一旦进入某一路径（无论是好的还是坏的），就可能对这种路径产生依赖。该理论总结出的规律也被广泛应用于解释个体层面的选择和习惯。

不需要耗费。随着任务难度越来越大，积累的思考、知识、技能往上走到某个拐点时，量变形成质变，我们便会突然"顿悟"，跨过了那个被称为"认知升级"的门槛。

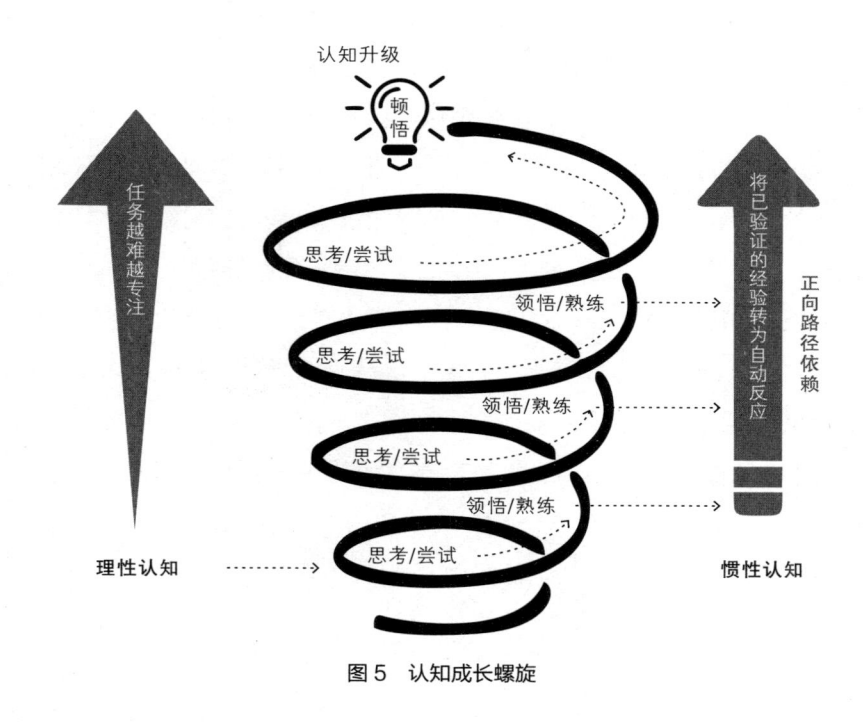

图5 认知成长螺旋

基因的算盘打得挺好，那在现实里又是什么样的呢？

在图书馆翻开一本书想着好好学习，读着读着就开始一目十行，然后干脆跳过文字飘到一张又一张插图上，看似翻了很多页却什么都没记住；为了减肥每天打卡跳操，想着有人监督着总能行吧，但某天一中断就再也提不起劲儿了；明知道提交计划书的截止日期就在眼前，但还是忍不住先做那些无关紧要却很容易完成的琐事……想得好好的要迎难而上坚持给人看，结果不知不觉却趋易避难、选择性放弃。

这些每天都在发生的事被我们归咎于意志力太弱。但老让意志力背这个锅有点不公平，事实上，这些问题主要出自一种叫作**任务闭合**的本能。

我们在做一件事时下意识都会设个任务目标，比如今天读多少页，推进多少进度，只要没完成就会念念不忘；一旦完成，相关的工作记忆便会被瞬间清空，人立刻轻松了。学习这种事总是会有卡住的时候，迟迟完成不了的感觉让人浑身不舒服，怎么办呢？大脑一看，哦，这样啊，那就象征性地做点力所能及的事，把进度推一推，如果还难受就找个理由别继续了——反正只要这个任务闭合了，人就会重新舒坦起来。当这样的行为模式反复多次后，也会建立起一个反向路径依赖，那就是一遇到难的事就降级，迫不及待地将理性认知还没干熟的活交给惯性认知。这种自动路径一旦被固化，后果不仅是成长停滞，而且进入了认知成长的反向螺旋：**认知退行**。在这个下行螺旋中，理性认知假装忙碌，未发觉注意力正从重要的任务中撤离，无意中将成长这么重要的事拱手交给了惯性认知。

人人都觉得自己是理性的，而实际上，人一生中大部分决策和行为是由惯性认知做出的。

形成正向路径依赖对每个人的成长自然无比重要，但我们的大脑并不在乎，对它来说，脑力资源的预算配额就这些，用在哪里都一样，只要能形成自动路径节省能耗就行。所以尽管认知这种能力人人都有，人和人之间却有着云泥之别。相对于认知成长螺旋，进入反向的认知退行螺旋要容易得多，因为它顺应的是天性，所以我们都有这种体会：形成一个好习惯很难，形成一个坏习惯很容易，而想改掉一个已经形成的坏习惯难于上青天。

所谓掌控命运，本质上就是掌控认知的路径依赖，而这绝对不是一件容易的事。

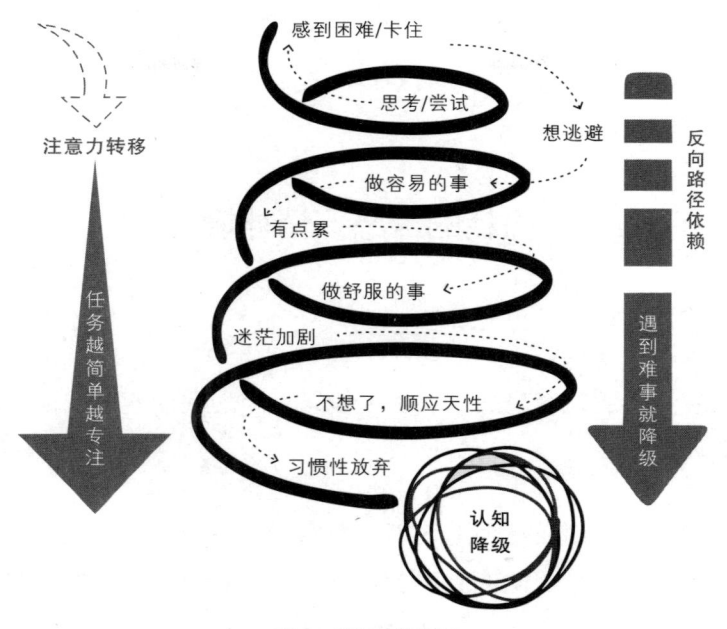

图中文字：
- 感到困难/卡住
- 思考/尝试
- 想逃避
- 注意力转移
- 做容易的事
- 有点累
- 反向路径依赖
- 做舒服的事
- 迷茫加剧
- 不想了，顺应天性
- 任务越简单越专注
- 习惯性放弃
- 遇到难事就降级
- 认知降级

图6　认知退行螺旋

在现实中，多数人靠感觉随波逐流地成长，总是游走在认知退行的边缘。能否回到认知成长的上行通道，一半靠运气和天赋，一半靠跌落谷底时痛彻心扉的觉醒。由于惯性认知的日常使用频率非常高，它所形成的习惯极为顽固，意识几乎介入不了，想通过意志力强迫自己改变更不靠谱，只会徒增痛苦。回忆一下那些你曾经需要咬牙坚持才能做的事，是不是最后大多都没做下去？这些经验告诉我们：天性具有本能原始的强劲力量，再强大的意志力对它的压制也只能一时有效，而长期一定跑不赢它。

路径依赖本身没有好坏之分，它只是一种非常难扭转的行为机制，一旦形成便像给人的意识上了一个紧箍咒一样。为什么会这样呢？那就要进入一个关于"累"的话题了。

内耗的根源：精神熵

随波逐流之所以容易成为人生主线，是因为我们的意识世界里有个最大的敌人：累。

对大脑来说，刻在基因里的第一性原则是生存，储备能量是为了应对随时会发生的逃生。深度思考时身体能量的消耗是惊人的，而惯性认知的职责就是帮大脑减负。当察觉到能量在加速消耗时，它并不会去分辨这是在学习还是在逃生，而是先将这些任务接过来再说，因此认知退行也是一种生存策略的选择。

但奇怪的是，即便在休闲时，身体和大脑都没怎么消耗能量，人还是会累。回忆一下最近的一次周末自己在做什么：也许先报复性补觉一直睡到中午，起床后打开微博"吃吃瓜"，或者玩几把游戏、看两集综艺，然后累的感觉开始在脑中扩散、蔓延到四肢，"要不再去睡一会？"醒来头昏脑涨、四肢无力、情绪低落，那就刷刷抖音的搞笑视频，猛一抬头发现夜幕已经降临……休闲了一天感觉怎么样？是不是明明不在工作，但依然觉得累得不行。

这种无法描述的累，有一个经常被人拿来形容的词：**心累**。

心累是一种心理上的疲劳感，来自长期将心理能量耗费在一些无关紧要的事情上，比如因从事单调乏味、令人厌烦、没有创造性的事务而引起的精神倦怠——简单说，就是长期做无用功的结果。

窒息头脑的精神熵

"做无用功"有个更严谨的名词——**熵增**。

熵（Entropy）是一个我们在初中时就接触过的物理学概念，来自著名的热力学第二定律。1850年提出这个概念的普鲁士教授鲁道夫·克劳修斯（Rudolf Clausius），是个严谨而浪漫的德国人，他借用了古希腊语中一个意为"转换"的古语来命名这个极为重要的规律，即一个物体的热量只能从高流向低，而要让热量从低流向高在自然情况下是不可能的，除非有大量额外的能量逆向做功。熵是一个系统的状态函数，指的是这个系统的混乱程度，越混乱做功效率越低，熵值就越高，便是**熵增**；反之，系统内部越有规律，做功效率就越高，熵值也就越低，便是**熵减**（或逆熵）；系统内部极为简洁有序的状态便是负熵——一种做功过程中几乎没有能量损耗、如晶体般稳定的状态。

抛开上面这段晦涩抽象的句子，熵增其实描述了世间万物的终极演化规律。

大到宇宙热寂（太阳燃烧衰变的熵增）、生老病死（免疫系统和细胞裂变的熵增），小到一个房间越住越乱（如果你也有一只猫，一定很清楚我想表达什么）、一壶水烧开（水分子从相对稳定的液态变成乱窜的动态）、一部手机越用越卡（垃圾数据越来越多）……一切都是从有序到无序、从简单到复杂的过程。在熵增的过程中，由于能量的有效转换始终无法达到百分之百，其中损耗的这部分无效能量便堆积在系统内，像垃圾一样越积越多，直至到达某个极点系统崩溃，这便是熵死。

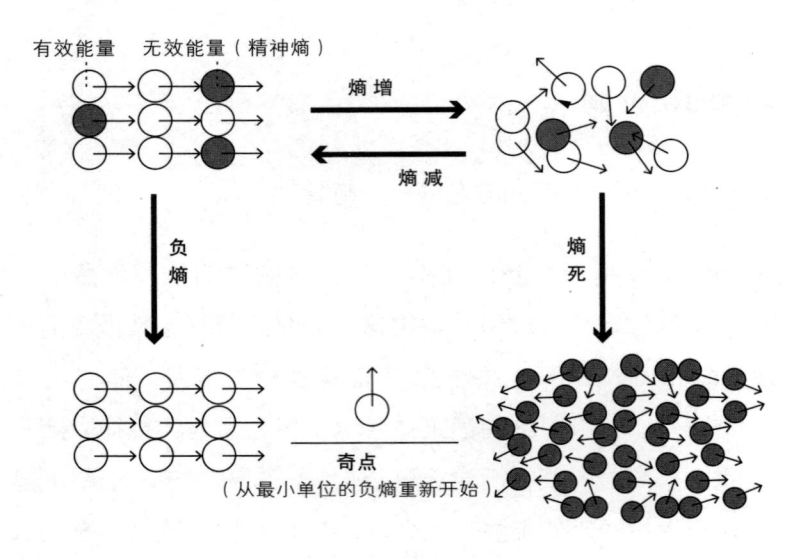

图7 熵的多种状态

现在从物理世界回到我们的心理世界。

借鉴了物理学熵的概念，契克森米哈赖在《心流：最优体验心理学》中提出了**精神熵**（Psychic Entropy），也被称为心熵。他将精神熵形容为心流的反面，认为精神熵的产生是因为资讯对意识的目标构成威胁，导致内心秩序混乱不堪。当精神熵一步步窒息了心理能量时，人最重要的认知能量——注意力便会转移到错误的方向，最终无法为任何目标做出有效的努力。

他的这个阐述有点抽象，放在我们熟悉的经验里就容易理解了。

想一想农耕时代的人们，他们每天从田里回来便聚在一起聊家长里短、在树荫下呼呼大睡……同样是休闲，为什么却很少有现代都市人那种精神上的累？

答案是：很多参与现代休闲活动的特性，和从事不喜欢的工作是大同小异的——缺乏创造性、被动参与、目标模糊、无法沉浸。我们经常开着1.5倍速看剧，旁边还挂着聊天窗口；和朋友吃饭时，没几个人能忍住不瞄两眼App上的小红点。注意力时刻在漂移，目标不断在切换，更无法抵御外部环境的干扰——这和上班"摸鱼"有什么区别？

而农耕时代的人们吃饭就是吃饭，睡觉就是睡觉，内心简单不被打扰，生活充满秩序，日常很自然地就能将熵排出，反而容易获得现代意义上的"幸福"——"幸福"的英文Well-Being直译为"好的生存状态"，指兼顾了生理满足和精神秩序的体验，这正是熵减的要义。

熵增的最高形态：内耗

心累到极点的感觉，用一个近年来的高频词就可以概括——**内耗**。

内耗是熵增的最高形态。群体心理学（Group Psychology）对此有个专门的描述，叫作"内耗效应"（Internal Friction Effect），指的是在群体协作中部门内部因不协调或矛盾等造成的在人力、物力等方面无谓的消耗。放在个人身上，便是内心各种无谓念头一直产生摩擦，摩擦后的垃圾——精神熵不仅越积越多，还互相对抗，将人在心理上拖入旷日持久的消耗战中。

内耗时大脑的做功效率极低，体现在认知行为上便是注意力和行动力显著低下。

当下决心学习一个新事物时，要么觉得需要掌握的知识点太多，产生"学不完"的焦虑；再想到学习这部分知识也没有让自己过得更好，又产生了"学了没用"的焦虑。虽然在现实中没有采取任何行动，但脑子止不住地高速运转，根本停不下来，于是对任何事都无法专注，缺乏动力，情绪低落，没有快感。

另一种反向的内耗便是不管自身的实际情况，一开始就制定一个理想化的目标，强迫自己每天执行。比如早上几点起床、几点必须开始学习、要学几个小时、学到什么进度、几点吃饭、几点运动、运动必须达到什么标准，等等，整天处于一刻不敢松懈的打鸡血状态。如果某个环节没跟上，便产生巨大的焦虑，试图给行动加码以立刻补回。通过无止境提升行动量来掩盖注意力和行动力的缺失，是一种对身心更大的内耗，因为反复印证的"我努力了但始终不行"会进一步强化习得性无助。

还有一种很矛盾的内耗，就是身体顺从天性躺倒在舒适圈的同时，内心的焦虑又会刻意去抑制自己的各种欲望，比如明明想吃一口蛋糕的冲动已经喷薄欲出了，却用意识不断告诉自己不可以打开冰箱。一旦防线失守，蛋糕入口的一瞬间焦虑便噌地冒出来，伴随着自责和羞愧更凶猛地向自我展开攻击。

先看看精神内耗者的几个典型共性。

- **完美主义和强迫倾向**：对自己期待过高，总纠缠于细节，要么过度行动，要么迟迟不行动。

- **总将焦点放在不可控的结果上**：纠结于过去和未来，一直逃避现实，这是内卷群体的通病。

- **高敏感、低自尊**：过度在意他人言行，总觉得与自己有关，陷入猜疑却又不敢去当面确认。

- **高压力、低欲望**：找不到压力源，无法说清自己的感受，过度思虑，刻意压抑正常的需求。

对于精神内耗者而言，哪怕一开始意识到大脑里就那么一两个小念头，但实际上潜意识里已经有很多个念头在不断冒出来，就像热锅里的气体欢快地撒腿乱跑一样，大脑越想控制越控制不住，最后"累"到精神"瘫痪"了。解决内耗的方向也很清楚，就是把蒸汽还原为冰，让大脑有力气做功。进入心流时就是这种状态，每个想法都像熵值最低的晶体，结构井然又充满能量，专注力帮大脑屏蔽了无关的念头，所有有用的念头相互支持，步调一致，大脑处于心理最优的负熵状态。

解决内耗的（不可能）行动列表

说白了，内耗就是总"想太多"又"想不明白"的高熵结果，它的反面是"只往一处想"且"对自己在做什么心如明镜"的心流。能时常进入心流的人，必定与内耗绝缘。

但进入心流的门槛并不低，首要的条件就是自如的专注力控制，如果你觉得经常走神是自己最大的问题，请先翻到**第七章中的"专注力控制：进入心流的基本功"**学习控制专注力的一些技巧，这对你接下来开展践行活动有直接的好处。如果你是个急性子，想立刻解决内耗，在最短的时间内把熵值降到最低，确实也有个非常有效的行动列表，但是……不如我们先来看一下。

- **彻底断舍离**：丢弃所有3个月内用不到的物品，删除除微信外所有社交App，删除手机通讯录里半年以上没有通过电话的联络人。

- **屏蔽日常噪声**：将所有微信群、微信消息设为静音，关闭微信视频通话，关闭朋友圈，将陌生来电设为自动挂断或转语音信箱，只在起床、午休、晚饭后及睡前集中回复消息。

- **提升多巴胺**：效果最好的是无氧和有氧结合的运动。如果身体底子好，每天在室外长跑5千米；工作繁忙的白领，每天抽出1小时去健身房练划船机或打壁球。

- **阻断负反馈来源**：拉黑总带给你不良感受的人，哪怕是家人、同事，不能拉黑就降低沟通频率至原来的三分之一以下，除非必要拒绝一切见面；取关所有让你有焦虑感的博主，不关注所有热搜新闻；不参与所有茶水间的闲聊和邻里"嚼舌根"的活动。

- **阻断幻想来源**：不看所有会让自己想太多的书、剧、综艺，比如哲学、量子力学、哈利·波特、偶像选秀、恋爱综艺；不做任何会让自己产生投射的活动，比如追星、磕CP。

- **阻断成瘾来源**：戒烟、戒酒、戒糖、戒可乐；拒绝任何有奖励诱惑机制的网游和手游。

- **秉持极简消费**：一周内用不到的东西都不要买，如生活用品、衣服、数码产品，只买正好够用的基础款；拒绝所有会导致提前消费和过度消费的渠道，比如信用卡、花呗、网贷、小贷；坚持不负债生活，不贷款买房、买车、旅游。

- **开展冥想式呼吸**：每天闭眼或面对白墙做3次冥想式呼吸，每次10分钟放空大脑。

就先列这么多，你有什么感觉？大概会和我一样——"臣妾做不到啊！"这些极端的方式虽然立竿见影但很不现实，即使做到了，不内耗了，我们正常的生活也毁了。所以最好还是按自然的节奏来：首先接受自己目前是一个无法马上解决内耗的人，然后做时间的朋友，帮助自己逐渐适应心流的行动模式，慢慢变成一个低熵、低内耗的人。

内耗让我们长期心力交瘁，对快乐的感知陷入麻木。在向熵宣战之前，我们一起来审视这些内耗念头产生的最大源头——这个无止境做加法的外部世界。

熵增社会：一个无止境做加法的世界

内耗来自无谓念头的冲突，熵减自然是要做减法，而我们偏偏生在一个只擅长做加法的时代。

在工业时代，资本掌握者的利益来自生产力，于是在需要大量工人时，工作伦理被创造了出来。工作伦理将努力工作视为一种道德标准，让工人们觉得工作是必需的且是至高无上的，只有努力工作才能得到社会层面的认同。到了今天的内卷时代，"996福报论"将这个工作伦理推到极致，鼓动人们将透支身体、牺牲家庭、无限地加班熬夜视为时代精神，同时创造出极致消费主义，让人们觉得一个过度消费、超前消费的自己才是高级的、成功的、处于时代前沿的。也难怪，毕竟消费社会无法靠做减法来发展，要保证资本积累的车轮不停运转，基本逻辑就是不断诱导人们"想要"：口红色号不停换，手机不停换……不换怎么对得起一个值得的自己？除了远超出需求的商品被源源不断生产出来，各种生活方式也被大力倡导：想随时来一场说走就走的旅行，怎么能没有一辆房车……

不断地加、加、加，物质上在加，精神上也在加。

当过度竞争和过度消费并没有让自己感觉更好时，我们心中的一些疑惑开始浮现，开始想得多又无力摆脱。再加上媒体的"助攻"——它们最擅长先制造焦虑，再贩卖焦虑的解药，然后告诉我们这些解药是"智商税"快来付费"升级认知"。我们对自己的认同又很大程度上取决于社会规范下的群体认同，而已经被这个社会规范打磨过的人通常给的都是否定性的反馈，他们会告诉我们什么是正常的生活，劝诫我们不要做有风险的事，要做"正事"而不要去试那些没人干过的事。这些人说完后还会饶有深意地打量我们的反应，通常他们都能如愿以偿。

一边是鼓动，一边是打压；诱惑太多，阻碍更多；既向往自由，又厌恶风险……慢慢地我们陷入一片混乱，甚至需要他人来给自己确定目标才不至于感到迷茫——从小到大父母告诉我们要听老师的话，老师告诉我们要做对社会有用的人，然而社会告诉我们要去找一份赚钱的工作、贷款买一个超出需求的房子、找一个门当户对的人结婚再多生几个娃……但自始至终没有人认真地对我们说：**请想方设法做一个简单的人。**

生活在这么一个并不鼓励自我探索、过度注重结果而非过程的社会，"做一个简单的人"几乎成了自我实现的最高标准。做不成简单的人，自然也难以有一颗简单的心，于是有人开始崇拜权威甚至向往强权，而倾听内心的声音则像是一件可怕的事。他们将跟随本心挂在嘴边，但在面临人生重大决策时却面对本心畏缩不前，反而在那些满足欲望的小事上很是顺从本意。而在内心之外，我们中的大多数整天被各种噪声包围，像个精神分裂症患者一样不由自主地接收各种刺激，注意所有不相干的资讯。认知系统对永无止境的加、加、加应接不暇，边哀号边做着无用功。

最关键的是，我们会习惯性地把减少看成损失，意识不到熵增的存在。这也就是为什么很多人初次接触到山下英子的"断舍离"时会醍醐灌顶——对于常年被加法生活所累的人来说，钻研整理术、丢弃不需要的物品带来的熵减体验必定令人着迷。

相比物熵和环境熵，精神熵的整理术则难得多。它和惯性认知更是一对绝佳的搭档，事情越做不好越觉得累，于是将更多成长的机会随手丢给惯性认知，很快便随着退行螺旋落到舒适圈底部。但精神熵是不会停止增加的，体验到焦虑、痛苦、恐惧等负面情绪是常事，当熵值高到可怕时，还会产生狂躁或颓废。我们身边随处可见这样的人：有的人成天忙忙碌碌，一会儿做这个一会儿做那个，一会儿情绪高涨一会儿跌入谷底，说不清自己想要什么，想改变现状也不知道从哪里入手，只能任由生活陷入一团乱麻中；还有的人看似佛系，以不动应万变，其实内心万马奔腾，各种念头像水蒸气一样到处乱跑，无法把注意力放在任何一处，躺着不动也疲惫不堪；更多的人是情绪上混乱，经常会有很多说不清的感受同时冒出来，只觉得烦躁不堪，没有动力做任何事。

更让人绝望的是，熵增对世俗意义上的成功者也一视同仁。

一些经历过多年拼搏或运气很好、早早实现财务自由且收获完美家庭的人，也躲不开熵的侵蚀。他们物质无忧、时间充裕、备受他人羡慕。而当"我已经什么都有了，只需要享受人生"的念头出现时，他们便不再有为自己寻找目标的动力，于是成为熵最可口的食粮。生活的稳定并不代表内心秩序井然，周围的噪声一点不会减少，但远比他人优渥的条件却蒙蔽了双眼，"我没理由不快乐啊"。于是，他们在困惑不解中逐渐被熵吞噬。

人的天性对熵增有极强的顺应性，无论我们是一穷二白的还是已经功成身退，只要产生了想逃避、想舒服的念头，它便会拉着反向路径依赖无限满足我们这些想法。熵减对抗的是人的天性，必定不会那么舒适。我们是那么容易觉得累，所以一切符合熵增的事，比如懒散、拖延、走神、逃避，都非常舒服和容易。我们越顺应它们，生命力就消失得越快，我们很快就变得死气沉沉，真应了那句"有些人三十岁就死了，到八十岁才埋"。

内耗的根源是太多无关联的念头使大脑无法聚集认知能量向同一个方向做功。这种情形其实是有最优解的，那就是**重构一个更精巧、更简洁、更节能的思维行动框架**，将认知能量只集中在"投入"和"意义"的目标上，便能在生活各方面降低熵，重获人生的掌控权。**反内耗在本质上就是反熵增**，而对抗熵需要很强的策略。

第二章

认知熵减：从无序到有序

你将从本章了解到

认知熵减的理念和践行原则

为何要将固化型思维替换为成长型思维

如何判断自己处于舒适圈还是伸展圈

如何通过持续行动获得复利效应

如何优化自己的信息流、人际流、环境流

精神内耗是怎么回事

为何内卷情绪会让人放弃成长

对抗熵增：生命以负熵为食

"人为什么要努力？"

多年前，一次港城大校招宣讲会结束后有个学生问我："人为什么要努力？"我一时语塞，不知道怎么回答。

那时候"内卷"这个词还没出现在大众的"词典"中，但整个社会已经陷入了事实上的过度竞争。这种过度竞争体现在：每个人都要比以前付出更大的努力，却得不到与努力相匹配的收益，即"努力"的通货膨胀——对已经意识到这一点的年轻一代来说，外界任何对努力的规劝，都像是不怀好意地设套。当我面对那个"人为什么要努力"的问题时，一方面无法像已颇有成就的教授们那样以"实现人生价值"坦然作答（虽然我知道这些前辈们确实是这么想的，也是这么做的），另一方面，其实我自己也曾有一段很短的时间尝试过彻底躺平，只不过因为痛苦感反而加剧而不得不放弃——这自然无法作为给他人的答案，毕竟每个人都有选择自己生活方式的权利，可以努力也可以躺平，只要自己真的舒服就行。

但后来我观察了很多人，他们都是躺平一时爽，时间一久就受不了了，似乎存在着某种共性。而当年那个问题，现在的我应该能回答了：

生命活动就是努力的过程，也是对抗熵增的过程，它是纯利己的，和社会期许及个人道德无关。

你我正活着，这本身就是努力的结果。我们一起来观察生命活动是如何开展的。

从出生开始，为了维持生命，我们必须通过每天的进食、呼吸、排泄等活动和外界交换能量，摄入低熵的营养物质转化为有效的身体能量，将高熵的废弃物质排出体外。虽然死亡最终不可避免，但代谢系统不停地努力通过与外界的能量交换为身体注入活力，使生命得到最大限度的延长。因此，埃尔温·薛定谔（Erwin Schrödinger）说出了那段鞭辟入里的见解：

> 自然万物都趋向从有序到无序，即熵值增加。而生命需要通过不断抵消其在生活中产生的正熵，使自己维持在一个稳定而低的熵水平上……生命以负熵为食……新陈代谢的本质，就是生命不断对抗熵增的过程。[1]

生命熵死的两大条件

那什么情况下生命会以最快的速度走到尽头呢？

一句话：将承载生命的身体变成一个孤立封闭、无外力做功的系统（想一想，一个人如果不进食也不排泄，从来也不出门运动或晒太阳）。

这种生命系统就像一个出入水口被阻塞、过滤层严重损耗的滤水

---

[1] 这段话来自薛定谔1943年在剑桥圣三一学院的一次主题演讲："生命是什么"。

壶，没有源源不断的新水源注入，积攒在壶身里的是越来越浑浊的死水，然后也没法将它倒掉。但这种极端状态在生命活动中很罕见，因为代谢类的活动不需要得到意识同意，就像每个人生来便会呼吸一样——当然，这只是基本生存状态，生命的品质另当别论。

身体的新陈代谢是在维持生命的秩序，但仅凭这一点我们还不足以被称为万物之灵，因为所有动物都能维持这种秩序。作为一个拥有完整自主意识的人，我们必须为自己的心灵也建立起这样一个新陈代谢的秩序。这两种新陈代谢的一个共同点就是必须和外界交换能量，只不过前者交换的是自然能量，而后者交换的是精神能量。讽刺的是，相比没有高级认知能力的动物，人类正是因为有自主意识才会发展成一个天然的心灵熵增系统。毕竟，动物的进化程度还不足以做到"想太多"，它们可以无视与生存无关的信号，而人类却会自寻烦恼，把一切外部干扰收入耳中，陷入内耗。

但小时候你我的心灵可不是个熵增器。

每个孩子最初都是一个干净的空壶，当外部水源注入后（信息输入），会先通过滤芯过滤掉氯气、杂质、微生物，然后被放行慢慢往下流（处理信息），流到壶身中的纯净水便可供饮用了（结果输出）。孩童时的我们认知能力还很弱，但有父母和老师代为把关有害信息，一点点培养好习惯，一步步掌握新知识，与这个世界展开接触——这就是一个开放的、有外力做功的意识系统。

成人后便不再是这么回事了。

一方面不再有外力帮我们做功，另一方面信息量呈几何级灌入我们脑中。我们需要自己去辨识和选择水源，有的人想都不想就接下了他人端来的化工毒水，有的人看了半天选择了泥潭污水，还有的人干脆什么水都不接入，浑浑噩噩，得过且过。滤芯已经严重超期，不仅起不到过滤的作用，而且会将陈年积攒的杂质带入，最后充斥在我们意识中的大多是充满精神熵的废水。

　　认知熵减就是要为自己建立起一个心灵的新陈代谢系统，基本思路是对熵增的原理进行反向操作。改造的第一个部分是将自己重塑成一个能吸收有效能量的开放系统；第二个部分是自己主动做功排出高熵垃圾，将死水搅动成活水。下面我们先说第一个部分：打造开放系统。

图 8　熵增系统与熵减系统

熵减的底层逻辑：将自己打造成开放系统

打造一个开放的认知系统，究竟怎么才算"开放"呢？

20世纪60年代末，在贝纳德对流实验[2]的启发下，一名叫伊利亚·普利高津（Ilya Prigogine）的比利时物理化学家在阐述生命系统自身进化过程时，提出了一个叫作**耗散结构**（Dissipative Structure）的理论，引起了全球轰动。这个理论有着广泛适用性，能应用于构建包括物理、化学、生物、社会、经济、组织，乃至个体心理的开放系统，普利高津也因此在1977年获得了诺贝尔化学奖。

所谓耗散结构，拿普利高津的原话说，是一个"处于远离平衡状态下的开放系统，在与外界环境交换物质和能量的过程中，通过能量耗散过程和系统内部非线性动力学机制，当能量达到一定程度时，熵流可能为负，系统总熵便可以小于零，则系统通过熵减就能形成'新的有序结构'。[3]"

2　1900年，一名叫亨利·贝纳德（Henri Bernard）的法国物理学家做了一个实验：他把一盆盛着凉水的容器夹在两层平行板之间加热，并保持下层板热量比上层板稍高，当加热至一定温度时，这盆水开始形成对流，水蒸气逐渐变成六角形结构并非常稳定、持久地附在液态水表面，而不像汽化后的分子在空中乱窜——在这样一个有热量进又有热量出的开放系统中，一盆原本已经熵值达到最大的死水又活了，所有分子都从无序逆转为有序的结构。

3　1969年，普利高津在"理论物理学和生物学"国际学术会议中发表了《耗散结构论》并做了这个定义。

在这段拗口的定义背后，人类终于看到了打破熵增定律的希望之光。理论上，只要处于一个满足耗散结构条件的系统中，任何的自然组织与个体都有可能通过无序到有序的逆转，实现熵减和进化。应用到个体认知，便是达到以下三个系统性条件。

- 思维上保持开放性

耗散结构一定产生于一个能量和物质都能进出的系统，它必须存在着由环境流向系统的负熵流，而且能够抵消系统自身的熵增，只有这样才能使系统总熵减小，有序度增加。从认知系统的角度，便是要建立一个高适应力、高弹性、能够自我纠错的动态思维模式，并以此为基础去感知世界、突破认知边界，在内外部协同下进入成长螺旋。

- 意识上远离平衡态

平衡态是指在没有外力干预的条件下，热力学系统的各部分宏观性质在长时间内不发生变化的状态。因此普利高津认为，非平衡态是有序之源，而在贝纳德对流实验中，下层板温度总比上层板高一点带来分子走向有序结构的设计，就是在引入非平衡的正负反馈机制。放到认知系统中，平衡态就是上一章提到的反向路径依赖，也是熵达到峰值时的状态，此时必须放一条"鲶鱼"进去搅一搅，才能让这潭死水重现活力。

- 行动上保证非线性成长

打破平衡态是非常困难的，困难之处在于这个过程要不断主动注入外力，而短期内又看不到明显效果。比如在一个标准气压下加热一壶水，热传导建立的温度梯度在1℃到99℃时呈现的是一条平稳的直线，水分子并没有明显的秩序，这就是线性。但此时只要温度继续升高1℃，水就沸腾了，平稳的直线会突然上升，这就是非线性的特点——一个微小的变化导致一个巨大的突变。个人成长遵循的也是这种规律，一件事刚开始进入的是一个漫长的平坦状态，改变会在某一刻突然发生，并在高位保持平稳，这便是行动的复利效应。

当一个人在思维、意识、行动层面上都符合耗散结构的条件时，熵减便自动运行了。理解这个逻辑后，我们便可以试着给自己的认知系统实施下面三个熵减"手术"。

- **思维**：将固化型思维替换为成长型思维。
- **意识**：从舒适圈跨入伸展圈。
- **行动**：从结果导向转换为过程导向。

这三个"手术"将是进入熵减践行的理论基础，下面先看第一个"手术"：将固化型思维替换为成长型思维。

替换思维：从固化型思维到成长型思维

在《终身成长：重新定义成功的思维模式》[4]这本书中，斯坦福大学行为心理学教授卡罗尔·德韦克（Carol Dweck）详细描述了导致人与人之间人生轨迹大相径庭的两种思维：**固化型思维**与**成长型思维**。

很多人会习惯性地如此定义自己和他人，比如是否有运动细胞和艺术天赋，是聪明还是笨……他们下意识地认为这些品质是天生的，出身决定一切，能获得的资源总体上都是恒定不变的，于是面对变化倾向于回避可能的失败，剥夺了自己获得丰富体验的可能——这便是**固化型思维**。而另一些人则认为，个体的智力、创造力、运动才能与其他品质是动态的，贫富和阶层差距是暂时的，可以通过时间和努力去改变。他们面对变化能够坦然应对，不怕犯错或失败，专注于体验的过程——这便是**成长型思维**。

德韦克总结了她十多年的跟踪研究成果，发现一个人能在未来发展中走多远，并不靠先天已经拥有的东西，关键要看其内化了哪种思维模式——这决定了一个人在漫漫人生路上会如何思考和行动。其中一个重要差异是对外部的反应：在面对他人的成功时，成长型思维者会主动去

4　英文原著名为 Mindset: The New Psychology of Success。中文版书名是全书核心理念的提炼再创作。

了解，并将他人经验转化为自己的动力和灵感；而固化型思维者则会倾向于将他人的成功视作对自己的威胁，由此引发的巨大不安全感及脆弱感让他们习惯性地封闭自己，于是放弃了自我成长的机会，而当自己的情况越变越糟时，更进一步强化了对外部环境的防御。

如果你还是一头雾水，想一想身边有没有这样的人：每次一听到别人的看法与自己不一样，就喜欢马上反驳，有时候连话都不让对方说完；当听说某个同龄人发展得特别好时，要么会说"不可能吧，他哪有那么好"，要么会说"不就因为他家里有点关系嘛"。如果和这样的人一起共事，你在提出工作建议时，他总会跳出来反对，说这不行那不行。你说要将产品原型小规模放出去测试市场，他说还没做完的东西能测得出什么；你说要将产品做到完善再去测试，他又说如果一开始方向错了那就来不及改了。你以为他是不同意你的观点，其实他是在通过反驳你来维护自己脆弱的自尊。

这种习惯性否定叫作**红灯惯性**，就像脑中安了个红灯一样处处是雷区，一遇到变化就自动喊停——这也是固化型思维的一组标志性特征。用更通俗的词概括，具有这种思维特征的人就是：杠精。这样的人总是故步自封，害怕一开放交流就会暴露出自己的缺点，对新的观点和知识一概拒绝，宁愿看着机会白白从身边溜走，也不愿从防卫性的状态中往前迈一步。而成长型思维者则不同，当面对不同看法时，他们通常能耐心地听对方讲完，至少思考三五秒后再发表自己的观点。同时，成长型思维者能够区分对方的质疑是对人还是对事。他们明白在很多时候对方提出的反对，只是反对自己的观点而非否定自己这个人，这是一种认知上的智慧。因此乔布斯曾经说：**"我特别喜欢和聪明人一起工作，因为有个最大的好处——我不用考虑照顾他们的自尊。"**

存量信念和增量信念

固化型思维者和成长型思维者在面对外部环境时，还有一个极为明显的信念差异：前者往往认为这个世界是由存量资源构成的，而后者则认为这个世界是一直在做增量的。

存量信念会导致什么行为倾向呢？便是不愿意与外界交换能量和物质。比如去朋友家做客，当将一份礼物交到对方手上时便开始期待回报，因为"我给出去了，就是我减少了，他增多了"。哪怕对自己也是这样，相比把钱投资在自身能力提升上，固化型思维者更愿意把钱存在银行"吃"利息，因为利息是确定的回报，而学习的回报是不确定的。在无形资源上也是如此，当看到一个大家都需要的信息时，相比分享给他人，固化型思维者更愿意自己悄悄收藏起来。此外，固化型思维者选择的目标往往具有防御性，为了避免失败，他们宁愿放弃有风险但潜在回报大的目标；和他人一起共事时总想在证明自己的同时尽可能少付出努力，因为对他们来说，如果承认自己需要在一件事上付出巨大努力，那就等于承认自己没天赋。

而成长型思维者则将能否让自己变得更好、能否获得某种体验作为选择目标的标准。他们对外界是开放的，乐于接受他人的能量，也愿意为他人注入能量，但有着清晰的界限，会主动避开负能量的人和环境。**增量信念**使他们相信努力的复利效应，最大的满足不是来自"这事对我来说轻而易举，没人比我更擅长"，而是"这事对我来说挺难的，努力以后终于比之前做得好了"。而在遭遇失败和挫折时，成长型思维者不会给自己贴标签，也不会羞于和他人讨论——因为这只是自己暂时不够好。只要能获得新的体验，他们并不会特别介意在一件事上先付出。事实上，所谓付出有没有回报完全取决于对回报的定义，成长型思维者也能够接受付出很多但什么都得不到的结果，这是一种对外界环境的弹性适应力，但固化型思维者却无法接受这一结果。

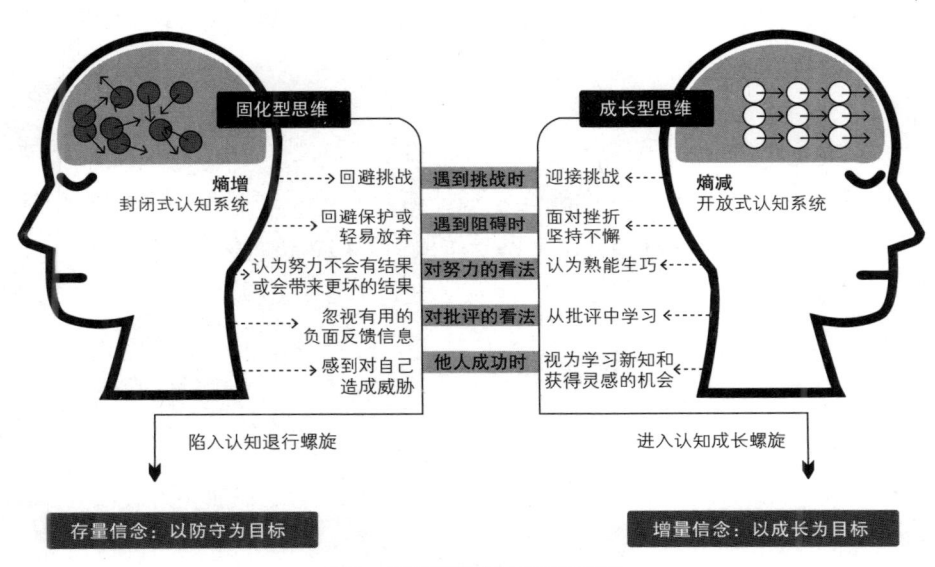

图9 固化型思维与成长型思维

本质上，固化型思维是一个封闭式认知系统。它是培育熵增的温床，在平静有序的表象下，看不见的熵一直在贪婪地发育，而负熵却被挡在外面；成长型思维则符合开放性系统的特征，通过与环境不断交换能量获得负熵流，始终处于成长螺旋中——两种思维的差异，从一开始就决定了不同的人如何通过一个个不同的决策走向迥异的人生。

要把自己改造成开放性的低熵系统，首先要适应以成长型思维来评估和选择值得去做的事（俗话说"好的开始是成功的一半"）。比如，当有一个竞争上岗的机会时，固化型思维者首先考虑的是能不能赢，上任

047

后能不能证明自己，对他们来说，这是个展现成功、确立自身优越性的机会。而成长型思维者会考虑能不能学到东西、能不能获得新的体验、有没有更大的发展空间，而不会先考虑如果做得不好会被他人视为失败者。思维模式的转变是一个长期的、自然的过程，太刻意强迫自己只会适得其反，因内心冲突而徒增熵值。不要着急，后面的章节将提供相应的工具，帮你验证自己选择的目标是否符合成长性原则。

　　成长型思维满足的是第一个熵减条件：开放性。当给自己的思维做完这第一个"手术"后，你就会发现，所有有悖于成长性原则的事务都符合平衡态，这时便需要做第二个"手术"：从舒适圈跨入伸展圈。

唤醒意识：从舒适圈到伸展圈

温水煮青蛙的舒适圈

舒适圈这个概念我们都不陌生。美国密歇根大学罗斯商学院教授、领导力变革专家诺埃尔·蒂奇（Noel Tichy）认为人的成长状态取决于所做事情所处的成长圈层。

- **舒适圈**：处于成长圈层中最里层的区域。在舒适圈，人们做的是自己最熟悉的事，心理处于非常舒适的状态，但长期处于这个圈层只能加固已掌握的知识和技能的熟练度，没有挑战性，也无法获得成长。

- **高压圈**：处于最外层的高压圈则是超出自己当前能力太多的区域。在这个圈层，人们无论怎么努力，都很难在短时间内把事情做好，贸然跨入很容易在巨大的焦虑、恐慌、自卑情绪下崩溃、放弃，所以高压圈也不是有效的成长区域。

- **伸展圈**：处于中间层的伸展圈才是成长的关键。在这个圈层，人们面对的事有挑战性和新鲜感，虽然一开始会因为当前的认知和能力储备不足而感受到压力，但努力一下又能够做到，所以伸展圈是提升自己的最佳圈层。

唤醒从舒适圈跨入伸展圈的意识，是为了让我们对危机保持敏感，避免在平衡态中一点点进入熵死。

1897年，一名叫爱德华·斯克里普丘（Edward Scripture）的美国心理学家在他的《新心理学》中记录了一个德国团队做的温水煮青蛙实验[5]。

实验者把一堆青蛙放在一盆凉水中，然后以温度每秒升高0.002℃（相当于每分钟升高0.12℃）的速度给水加热。两个半小时后，实验者发现青蛙并没有不安，而是安静地死去了。之后，一个动物学教授霍奇森复制了这个实验，但他设定的加热速度是每分钟升高1.1℃。他发现当到了一定温度以后，青蛙开始躁动不安，并试图从水中逃离，于是他宣布温水煮青蛙是个伪命题。

究竟谁对谁错？都没错，差别在于加热速度。当温度快速上升时，青蛙便会迅速跳出，而当温度变化很细微时，青蛙则难以察觉。青蛙可耐受的临界高温大约是37.5℃，当温度以非常缓慢的速度超过这个临界点时，青蛙即使察觉到危机，也已经丧失一跃而起的能力了。

舒适圈就像这盆水，任由平衡态以一种极小的速度暗暗加温，当到达临界点时，熵便停止增加了，因为系统已经熵死，也就是常说的一个人"彻底废了"。在舒适圈待得太久的人会对环境变化丧失敏感度，对生活的混乱也习以为常，连"心累"的感觉都没有了，而所谓的迷茫，对这些人来说不过是清醒地看着自己沉沦。写到这里本来想举几个"彻底废了"的例子，但应该不必了，因为每个人身边都有现实的、让人一想到就有些许唏嘘的例子。

---

[5] 也有说温水煮青蛙实验最早来自19世纪末的康奈尔大学团队，但这个说法至今没有书面记载支持。

读到这里，想跨出舒适圈的你可能脑子里已经冒出两个问题。

- 如果一时还没跨出舒适圈，如何尽可能远离平衡态？
- 如何判断自己是不是正处于伸展圈？

我们先一起观察一下舒适圈的两个区域：**内核区**和**边缘区**。

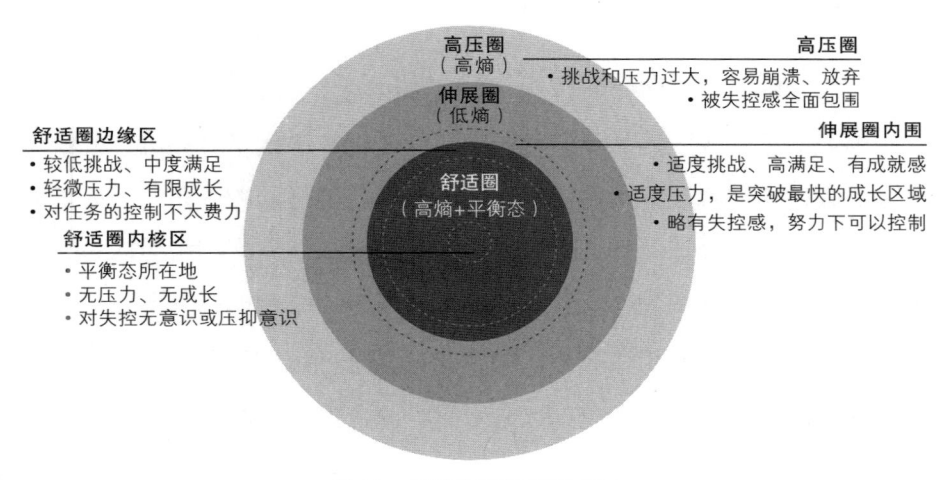

高压圈（高熵）
伸展圈（低熵）
舒适圈（高熵+平衡态）

舒适圈边缘区
- 较低挑战、中度满足
- 轻微压力、有限成长
- 对任务的控制不太费力

舒适圈内核区
- 平衡态所在地
- 无压力、无成长
- 对失控无意识或压抑意识

高压圈
- 挑战和压力过大，容易崩溃、放弃
- 被失控感全面包围

伸展圈内围
- 适度挑战、高满足、有成就感
- 适度压力，是突破最快的成长区域
- 略有失控感，努力下可以控制

图 10　舒适圈内核区与边缘区

越往舒适圈中心，越靠近内核区，这里聚集了付出最少、舒适感最强的事，比如"葛优躺"、刷短视频、吃娱乐瓜。那么平衡态在哪里呢？就在内核区——这是人最失控、陷入路径依赖最深，也是高熵最集中的区域。所以，远离平衡态就是远离舒适圈内核区。在内核区的人虽然没有因挑战导致的压力，但会因察觉到生活状态滑向失控而被恐慌侵袭，当恐慌程度超过承受力时，一些人会立即通过更多低级娱乐来压抑恐慌、否认失控，从而加速滑落。

最外围的高压圈在成长初期也不要触碰（一些高手会故意踏入高压圈来刺激自己的潜能，但新手不适合这样做）。能力差太远时贸然踏入高压圈，一样会引起熵增，人会感受到瞬间袭来的巨大失控感。但由于远离了平衡态，就好像直接将青蛙扔入40℃的热水中它急于跳出一样，人在瞬间来临的巨大痛苦下会一有机会就逃离，反而比较安全。

在适度压力下获得最佳成长

伸展圈里充满了新鲜的挑战，是一个低熵的、成长最快的区域。虽然刚踏入时感到无所适从，但逐渐获得的满足感取代了舒适感、成就感压过了失控感，我们开始感受到一种不同于在舒适圈的快乐。而成长的启动则始于靠近舒适圈外围、再多迈一步便进入伸展圈的**边缘区**，这里聚集了能充分释放现有能力并收获满足感的事，比如读本好书、登山跑步、完成一幅1000块的拼图——这是跨入伸展圈前的热身活动，也是回到认知成长螺旋的转折点。

要知道自己是否正处在伸展圈，有个很管用的判断条件：**压力**。

当你在赶一个下班前要交的报告，不停地查资料、画图表、打字时，如果只有满足感，就意味着这项任务对你来说游刃有余，你依然处在舒适圈比较靠内的位置；如果你觉得既满足又有一丝紧张，而你的思路和进度没有受到影响，那就说明你正游走在舒适圈边缘区；如果你在紧张之余还有不安，同时伴有一些生理反应，如呼吸急促、心跳加快、皮肤出汗，但还能继续把这项任务进行下去，说明你刚好能承受这个压力，并且已经一脚踏进了**伸展圈内围**——恭喜你，你正处于最佳的成长状态中；但是！如果你发现血压明显上升，甚至伴有胃痛、冒冷汗、肌肉紧绷等生理反应，这是压力过大的表现，说明你正把自己硬推向伸展圈外围，甚至踏入了能力不可及的高压圈。

第二个"手术"的要点，便是为自己配置适度的压力。适度的压力是成长的助推器，当有意识地让自己大部分时间处于舒适圈的边缘区，同时经常试探伸展圈内围时，随着能力提升，这个伸展圈内围便成了舒适圈的边缘区——成长半径扩大了！所以舒适圈不是越小越好，相反，随着原本不擅长的事变得得心应手，舒适圈会吞掉伸展圈的空间，这时便离挑战高压圈越来越近了，最后会迫使整个认知边界全面扩大——这便是有节奏的成长！

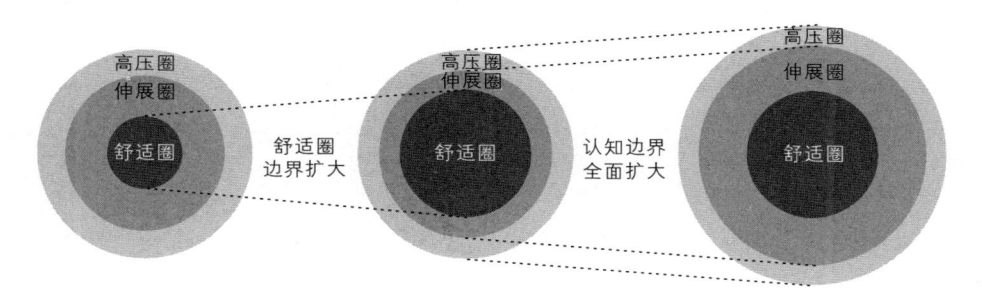

图 11　认知边界扩大

在生活中也是一样，需要有意识地为自己创造一些感到有点不舒服、有点压力但能控制的"小危机"。比如，周末习惯了睡懒觉，试试某一天定闹钟早起两小时，然后利用这段时间给自己做一顿早餐。时不时来点这种主动控制的生活体验，付出不多又能获得满足。那一点点因变化产生的小压力足够使人保持活力，远离可怕的平衡态。

善于成长的人，通常也善于利用压力。通过观察自己的压力反应，他们能判断自己当前所处的圈层位置，并以此为依据调整目标。同时这些人也都有一个成长型思维者的共性特征，就是做的比想的多，属于不折不扣的行动派。

修正行动：从结果导向到过程导向

复利效应的临界点

人人都会行动，那是不是人人都是行动派呢？不过脑子、冲动行事的人很多，一件事还没焐热就转去做另一件事的人也很多，这些由本能和焦虑驱动的"行动派"，充其量只能算"勤快的行动人"，做得越多熵值越高。

真正的行动派都遵守一个成长性原则，也是我们要给自己做的第三个"手术"：从结果导向转换为过程导向，即坚持**非线性的行动模式**，在做一件事时能充分发挥**复利效应**（Compound Effect）。

很多人对复利效应的印象来自阿尔伯特·爱因斯坦（Albert Einstein）的这段话："复利是世界第八大奇迹，了解它的人可以获利，不了解它的人将会付出代价。[6]"或许更多的人是从一些投资公众号中读到

6　这段话究竟是不是出自爱因斯坦颇有争议。一个比较权威的引证来自1983年《纽约时报》某期中写到的爱因斯坦的一句幽默的回复："Asked once what the greatest invention of all times was, Albert Einstein is said to have replied, 'compound interest'."另一个相对更可靠的出处，是在1939年《美国数理月刊》第46期第9号中爱因斯坦对读者的一个数学题解法发表的评论，他在第595页中说，这题最佳的解题思路是复利。

巴菲特的复利法则（他本人确实经常提到这个），人们对这个概念的理解主要集中在长期理财方面，即今天的本金加利息便是明天的本金，财富的雪球越滚越大。

认知行为中的复利效应是一种双向强化的互动，如读到一本好书会促使我们有好的行动，而这个好的行动又反过来会加深我们对这本书的理解。而且，复利效应也是个客观规律，它对一个每天健身、饮食规律的人和一个每天窝在沙发上、往嘴里塞薯片的人一视同仁，只是把他们推向了不同的方向。

想让复利效应助力自己的成长很简单：**耐心地做正确的事**。

"正确的事"不难理解，就是符合成长性原则、位于伸展圈的事，只要一开始的赛道对，行动起来便能享受到复利效应的红利。听起来好像是稳稳的幸福，但如果将这句话改成**"耐心地做不舒服、有压力且不一定有回报的事"**，你还会那么充满动力吗？

在初期做正确的事必定很煎熬，而人们缺乏的永远都是"耐心"。复利效应有一个容易被忽略的细节，就是它存在一个**临界点**。例如健身、背单词、读书、写作等这些事，带给我们的效果增幅在很长一段时间内都会十分平缓，而一旦过了临界点便会有指数级上升。这个规律在中国文化里有类似的阐述：**厚积薄发**。厚积指大量地、充分地积累，薄发指少量地、慢慢地释放，最终达到惊人的效果。

关于临界点，《复利效应》（*The Compound Effect*）的作者戴伦·哈迪（Darren Hardy）在书中讲了一个故事。

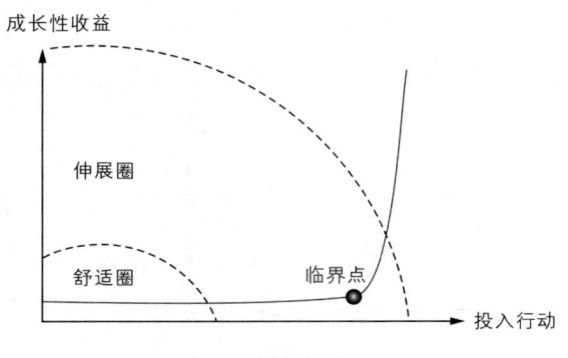

图12　复利效应曲线

一名叫乔吉拉德的销售大师在退休前举办了一场退休会，无数人前来参加，希望获得他成功的秘诀。乔吉拉德在台上放了一个钟摆式的铁球，然后说，如果有人能推动这个铁球，将获得一万美金。众人跃跃欲试，但用尽各种办法都没能推动这个铁球。这时，乔吉拉德拿出一把鞋匠敲钉子的小铁槌，说他只用这把小铁槌就能撼动铁球。在众人怀疑的目光下，乔吉拉德开始每3秒敲一下铁球，铁球纹丝不动。这样过了15分钟，台下观众开始不耐烦了，发出嘘声。30分钟过去了，台下有人大骂乔吉拉德"骗子"，撕了门票离开。到了40多分钟时，突然有人大叫"球动了"。人们看着铁球开始摆动得越来越剧烈——一把小铁槌真的撼动了铁球。

我们无法证实这个疑似成功学鸡汤的故事是否真的发生过，但这不是重点。假设敲击时间间隔稳定，每一次敲击的力度不低于上一次，且敲击的位置相同，那么只要敲击持续到临界点，理论上就能撼动铁球。重点是：如果把小铁槌交到那些目睹了这个过程的几百个人的手中，又有多少人能再现乔吉拉德的成功呢？我相信最终依然没几个。

尽管人人都知道临界点就在那儿，可大多数人还是没有耐心到达临界点，为什么？

事实上，缺乏耐心只是表象，根本原因是我们每开始一个行动，就忍不住想看看离结果还有多远。此刻我们也许已经在伸展圈做了很多努力，但鲜有成效，生活、学习都没改变多少，我们不由地灰心甚至怀疑，想要放弃。这时候让人无法坚持的不仅仅是缺乏耐心，而是在不知道离临界点有多远的同时，身心还在承受孤独、怀疑和压力——这种不确定性带来的折磨，足以让大多数人放弃一个最终确定的结果，天性使然。

如何才能摆脱这种天性？想想我们是怎样喝到一杯热茶的——虽然不知道那"临门一脚"的1℃什么时候会到，但最后我们都能得到一壶沸腾的开水，这是因为控制加热的不是我们自己。水壶不会思考，它只管不断地加热，直至水到达沸点它才停下。

只要总看着结果，就会总想着去控制，这就是为什么我们实施以结果为导向的行动时，多半会中途放弃或者改弦易辙。在不知道临界点什么时候会来的情况下，我们能做的就是**专注于过程，在保证方向正确的前提下，将行动持续下去**。非线性的复利行动，它的真义在于一个个微小变化的累积，最终导致一个巨大的突变，这也是和熵增的线性模式最大的区别——当拿着一个大铁槌去敲击铁球，幻想能马上撼动它时，只会因巨大的惯性阻力而导致我们失控。

成长的飞跃曲线

日复一日持续着一个个微小的行动，我们便逐渐成为一名以长期学习代替临时学习、以过程导向代替结果导向的终身成长者，不再心急如焚地时刻计算回报，也不会只在需要时才去寻找解药。

那些每天都在探索新事物的**终身成长者**，已经将自己打造成一个能产生复利效应的低熵开放系统，对他们来说，学习就像呼吸一般自然。而那些只在受到刺激或临近最后期限时才想到穿上跑鞋、捧起书本的**临时成长者**，既无法受益于复利效应，也无力对抗熵增。两者的区别在短时间内自然不明显，但拉长时间线看，真是天和地的距离。想一想毕业后每年的同学聚会，在"初始值"持平的情况下，头几年比来比去，其实大家都差不多，而到第5年再聚时，大家便能明显察觉彼此之间的差距，到第10年……很多人应该已经不想再来了。

对于这些道理，我们早就听得耳朵生茧子了，但人大多在年少时不以为然，我自己也是。年轻的红利就是从身体到头脑都处于天然熵减状态，这时候轻轻松松就能撑个通宵，不学习也不见得跟不上时代。而进入红利消退期时，随之消退的不仅是健康和认知，还有探索世界的好奇心——这是最重要的环境负熵来源。太多人在大学毕业后便停止探索，只想走在一条明确的道路上，但这种按部就班并不能避免生活的全面失控，日子表面过得毫无波澜、内心其实暗涛汹涌的情况非常常见。随着时间线的拉长，有的人在熵的阴影笼罩下正经历着痛苦的中年危机，有的人一边痛骂着"35岁现象"，一边却任凭它发生，并将一切归因于不可控的大环境，感叹自己这辈子就这样了。

殊不知，人的成长复利曲线和投资复利曲线有个最大的不同，那就是每个人的一生并非只有一次指数级上升。这种S形曲线也被称为飞跃式成长曲线，时间跨度拉得越长越明显。人会在实现每一次上升后，经过一段时间的平坦期或修复期，再进入第二次上升，不断超越自我。很多人也会在每次攀登高峰后再次落入低谷，临时成长者大多会不断回顾过去曾到过的高峰，但失去了再次超越自己的勇气；而终身成长者每一次落入的低谷都不会比上一次攀登的高峰低太多，并且他能再一次努力上升后在高位保持平稳。

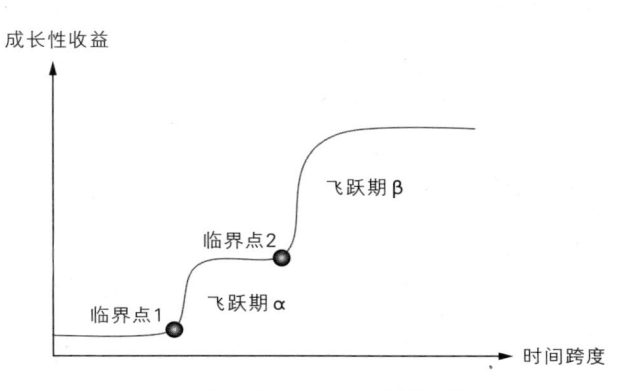

图 13　终身成长者的飞跃式成长曲线

到这里熵增的底层逻辑梳理完毕，总结为：**将自己打造成一个开放的认知系统，便是打造一个以成长型思维选择目标、在伸展圈内磨炼能力、借助复利效应一步步用行动实现目标的自己；在此基础上，成为一名以长期学习代替临时学习、以过程导向代替结果导向的终身成长者。**

系统搭起来了，下一个核心问题便是优化，即如何为这个开放系统主动做功，提升熵减效率。

熵减践行理念：为开放系统主动做功

开放系统之所以是一个"活"的系统，是因为它有外力做功，但如前面所说，这是属于孩童的红利。随着我们长大、独立，慢慢地不再有人督促我们努力学习、好好吃饭、早睡早起、定期锻炼，即使有也效果有限。生活脱离掌控是一个细微的平衡态过程，我们不能等它完全失控后才后知后觉地介入，我们必须提前为自己主动做功。

如果把认知系统看成一个公司组织，那么主动做功就是在做三项组织管理，即开源、节流和增效。

- **开源**：为认知引入负熵。

- **节流**：从内心排出高熵。

- **增效**：为行动分配能量。

"排出高熵"是熵减践行的必经之路，你将在第三章中了解到具体做法，这里我们先一起讨论"引入负熵"和"分配能量"的理念。而之所以把握开源、节流、增效三个环节的根本原因在于，人脑用于分配的认知能量是有限的。

人脑潜能的谬论

我们可能都听过一个说法，人脑的潜能只开发了10%。潜台词就是，如果能开发剩余的90%，那人们将取得多么不可思议的成就。这个让人充满想象空间的说法流传甚广，经过大众媒体多年鼓吹几乎成了事实，但它却是个不折不扣的谬论。

2014年吕克·贝松（Luc Besson）的科幻电影《超体》（*Lucy*）引起大众热议，片中讲述了女主角露西无意中被一种药物激发了大脑潜能，令脑中90%的神经元相继苏醒从而人生开挂的故事。在一次美国国家公共广播电台的访谈节目中，主持人播放了影片的相关片段，然后男主角扮演者摩根·弗里曼（Morgan Freeman）向来自斯坦福大学的神经生物学家、Neosensory公司CEO戴维·伊格曼（David Eagleman）提出一个问题："如果我们有办法百分之百地利用自己的大脑，将会怎样？我们能做到哪些事情？"伊格曼非常干脆地回答："到那个时候，我们能做的事和现在没什么区别，其实我们已经百分之百地用尽了自己的大脑。"

伊格曼的回答自然是基于无数脑神经科学的实证证据。加拿大西蒙弗雷泽大学的认知心理学教授白瑞·拜尔斯坦（Barry Beyerstein）也曾针对这一谬论指出过真相："通过磁共振仪扫描大脑便能发现，无论人们做什么事，大脑每个区域都处于活跃状态并占用着20%的身体能耗，哪怕是在睡觉时，大脑的所有部分也都处于活跃状态。"

换句话说，**大脑不存在闲置的能量，也没有"不转"的时候**。即使我们躺在床上发呆，大脑依然在高速运转，只是大部分环境信息正被惯性认知默默处理掉而我们察觉不到而已。沉迷于游戏时的大脑处于满负荷状态，它和聚精会神工作时一样会产生能量消耗，所以游戏结束后人会感觉累。而长时间刷短视频后的累则有所不同，这是因为注意力在这种活动中是处于被动牵引状态的，就好像遛狗时被狂奔的狗带着跑起来，能量消耗反而更大。所以与其说不用脑人会变笨，不如说即使不用脑，脑也在空转，就像一条轰隆隆转动却空荡荡的流水线，白白消耗着能量，不拿它来生产点自己用得上的东西实在是很亏。

重塑秩序的神经机制：突触修剪

既然大脑时刻都在转，那么基因必定会对它做优化设置。

人的大脑就像一个硬盘，里面的存储单元总量——也就是神经元数量在人三岁后就基本稳定了，之后人的成长依靠的是每个神经元建立突触连接的质量。经常做一些事，比如边看书边做笔记，便能强化相关突触的连接并形成神经簇——也就是引入负熵。而长期不太用的连接便会弱化，在大脑看来就是相关信息没用了，便会直接成组删除，这种机制被称为**突触修剪**。

突触修剪有点像在电脑上启动磁盘整理程序和清空回收站，为的是确保我们的大脑能保持运转效率——也就是排出高熵。这个操作在人三岁前是自动进行的，哪怕第一次睁开眼感受到光、第一次走路摔倒再爬起来这么可贵的体验，大脑也会毫不留情地删掉，因为基因认为这些体验只要形成了程序性本能就够了，留着这些原始数据只会白白占据记忆空间，对日后学习新的生存能力不利。

在人生的头三年，大脑修剪了绝大多数杂乱无序的突触连接，尽力给我们留下一个简洁、干净、高效的初始神经网络。长大后随着自我意识的觉醒，这个活就得我们自己干了。

长大后的我们经常做的事依然会形成相关神经的突触连接，但这时候的大脑主要负责强化，而不再大量删除已经形成的神经簇（因为大脑无法判断它们究竟是不是当前的生存需要），因此积压了大量高熵活动的突触连接。这时候，我们只能费力地通过"新建"更多低熵活动去"覆盖"那些高熵活动，因此从外部获取的能量源有多少熵极为关键——这就好像节食瘦身，我们不会选择先摄入高热量食物后再疯狂跳操，而会从一开始就选择摄入低热量食物并做适度运动。

引入负熵:为自己找到高质量能量源

就近法则:我们最初的能量源

第一个主动做功的熵减践行理念是引入负熵,从外部获取有效能量。

我们意识空间的认知能量源主要有三个:**信息流、人际流、环境流**。"流"指的是与日常活动相伴的自然能量源,走在大街上感受到的温暖阳光是"流",特意躺在日光浴机里则不是。我们在生活中从哪里获取信息、和哪些人相处、在什么环境下做事,决定了每一刻从外部获取的负熵和正熵哪个更多。

每个人最初的能量源是如何获得的呢?**就近法则**(也叫接近效应法则[7])。

回忆一下你儿时关系最好的小伙伴是谁?可能是上下楼的邻居,可能是新学期的同桌,可能是父母同事的小孩……和谁走得近大多是因为时空上离得近,于是他们喜欢的便成为我们喜欢的,他们不在乎的也会

---

[7] 在社会心理学中称为接近性(Proximity),因提出认知失调理论的里昂·费斯汀格(Leon Festinger)1950年在美国麻省理工学院开展的一个接近效应经典研究而得名。该研究确认了相邻的人彼此喜欢的可能性更大,而认知失调会使得人们不自觉地强迫自己去积极认识和评价原本不喜欢的邻居或室友,以获得态度上的一致。

成为我们不在乎的。信息流也是一样，小时候家里有什么书我们看什么书，而如今在这个信息爆炸的时代，我们甚至不需要去主动获取信息，大数据把我们应该关注什么及以哪种立场评论都安排得妥妥当当。我们更是很难自己选择身处的环境，在哪里上学便会在哪里长见识，在哪里生活便会从哪里看世界。在一个"枪打出头鸟"的公司里工作，只有躺在舒适圈里最安全，想换一个环境的代价远比2000多年前三迁的孟母大得多。

一言以蔽之：大部分人初始的信息流、人际流、环境流都不是自己主动挑选的，只不过是"碰巧刷到的一些推送""碰巧相遇的一群人""碰巧离自己最近的地方"而已。

获取高质量的信息流

在这三个能量源中，信息流对人的影响最大，就像人都需要进食一样，大脑的食粮就是信息。我们日常可能没办法决定在哪里吃饭（在家吃早餐，在公司吃午餐），但能决定吃什么（早餐吃高蛋白食物，午餐选择减脂沙拉）；而在获取信息时，我们通常能决定在哪"吃"（早晨醒来可以打开头条也可以打开微博，睡前可以刷抖音也可以刷朋友圈），但"吃"什么却是由大数据说了算。

大数据推送，就好像我们走进一个没有菜单的饭店，端上来什么就吃什么。这些看似有用而实际质量很低的信息充满迷惑性，每天把人的认知往下拉一点。人们以为自己知道得越来越多，实际上知道得越来越少。用传播学经典的沉默螺旋理论（Spiral of Silence）去看，就是当我们被推送了一个热搜事件时，往往读到的是一个大多数人都赞同的观点，从商业角度来讲，能迎合绝大多数人的内容就是好内容，助推这类信息会有巨大流量，于是其他观点的传播越来越弱，直至彻底沉默。

而符合大多数人偏好的信息——正如古斯塔夫·勒庞（Gustave Le Bon）在《乌合之众：大众心理研究》中总结的——往往充满了盲目、冲动、狂热、轻信，能唤起最大的情绪反应，但对理性认知的积累和拓展没什么帮助（当然，如果读这些新闻本来就不是为了成长则另当别论）。大数据系统已经是一个非常不合格的"把关人"（Gate Keeper）了，如果这些平台还没有审查机制，任由大众按自己的喜好自由传播信息，最后一定是最耸人听闻、最低俗、最没营养的信息牢牢占据热搜榜首，不需要多久，便能大幅拉低群体的平均认知上限。

在大数据的算法规则下，只有低质量的信息才能被最大限度地传播，我们无须费力便会看到，这是一个事实。另一个事实是：人人都说这是个信息爆炸的时代，但高质量的信息可没有爆炸，还是一如既往地稀缺，只是因为被淹没在信息的海洋中，大大提升了我们把它们找出来的难度。高质量和低质量信息的区别在于，前者有营养，人们能通过思考将其转化为知识内化吸收，然后再与其他知识进行关联，纳入个人的认知体系。

但即使是高质量的信息流，也有**转化**和**超载**两个陷阱。

有的人沉迷于收藏海量的干货，从心理学到AI，从健身到育儿，收集异常勤快但几乎不打开，就像囤了一堆优质食材却从不做给自己吃一样；或者打开一篇文章匆匆扫几眼马上就分享到朋友圈，一天可以刷无数次屏，但转化率低，信息没有转化为自己的知识。

还有的人经常一天读几十篇涵盖各个领域的深度干货文章，以缓解因知识匮乏带来的焦虑，结果可想而知。这就像一个神经性贪食症患者走进一家自助餐厅，一顿无差别狂吃后肠胃陷入"瘫痪"——太多混杂信息带来的精神超载，使意识空间被塞得满满当当的，但毫无秩序。

这些人在成瘾般追求高质量信息之后，反而感受到潮水般的空虚。为什么呢？因为他们发现自己明明看了那么多好东西，却好像什么都没得到，世界在变化，自己依然在原地不动。

放任自流地接受商业娱乐媒体的大数据投喂、强迫症似的一味搜索干货知识，都无法建立起健康的信息流。我们的日常生活本来就既需要正餐也需要零食，既需要牛奶也需要可乐，打发时间时刷刷微博热搜并非完全没用，这些碎片信息有时会不经意间给我们灵感，成为一个学习的起点。但有一点，不要去美化自己的动机，说刷抖音是为了学习和说上慕课是为了找乐子一样荒谬。当在这些碎片信息平台刷到一个感兴趣、想学习的话题后，继续跟着同类内容推送看下去是很不明智的，应该转去专业平台继续深入。

除了解解馋的零食，让真正有营养的精神食粮触手可及，才是建立高质量信息流的关键。

一个性价比最高的途径是，找一两个本身有好的信息收集习惯、会分享有深度的内容、你也特别想在生活和认知上向其靠拢的朋友（仔细想想，你身边一定有），请他们把平时会读的订阅号、App专栏，他们关注的博主及近期的书单等推荐给你。这些"把关人"能保证你日常接触到的内容，哪怕是娱乐内容如电影、小说等都是有质量的，然后便可以通过有意识的输出，比如多和他们讨论最近读到的内容来提升信息的转化率，内化为自己的理解。这个海选阶段也是一个梳理自己需求和兴趣的过程，随后就要像健身达人为自己挑选食物一样，进一步挑选适合自己的精神食粮：我们想做什么事？想成为什么样的人？当前的认知体系里缺什么？哪些可以不要？……通过不断追问，由点及线、由线成面，一个在生活中触手可及的高质量信息流便形成了。

清理低质量的信息流

信息流的质量决定了我们生活的质量，而保证质量的关键，在于少而精。因此，清理现有的低质量信息流也是有必要的。

超过一个月没点开过的订阅号该删就删，只转抖音搞笑视频的群该退就退（如果是亲友群之类不能退出的群，那就设置为静音），在朋友圈总发鸡汤营销文章的人该屏蔽就屏蔽（如果发现你的朋友圈全都是这些内容，或许你需要反省一下自己的交友倾向）。

当然，在现实中完全阻断这些低质量信息流是不可能的，但可以提升高质量信息流的占比——毕竟每天眼球的配额就这么多，扫到深度理性的信息多了，就等于关注无脑肤浅的信息少了。所以可以给自己设定一个原则：每关注一个新订阅号，必须删掉两个现有订阅号；每加入一个新群，必须退出两个旧群；每关注一个新博主，必须取关两个已关注博主。

这些做法能让自己对每个信息流都慎重选择，保证负熵永远大于正熵。

借力优质的人际流和环境流

高质量信息流的少而精原则也适用于人际流和环境流。

硅谷独角兽Dropbox创始人德鲁·休斯顿（Drew Houston）在2013年美国麻省理工学院毕业典礼上分享了一个Average of 5现象[8]，大意是一个人花最多时间相处的5个人的人生质量平均值，决定了这个人的人生质量，包括认知、财富、成就、心理素质等。微信之父张小龙也曾说过一句类似的话，"朋友就是我们看到的世界"。在不加挑选的就近法则下，多数人能获得什么样的初始平均值不难预见，会看见什么样的世界也显而易见，因此，需要将自己主动放在最接近优秀人群的环境中。而优秀人群不等于有钱、有地位的"成功人士"，也不等于能提携你的"贵人"，他们是时刻都知道自己在做什么、很少被无谓琐事转移注意力的低熵人士。这些人在我看来，属于真正的优秀人群。

每个人都知道越靠近优秀的人，自己越受益。优秀的人都有一种"熵敏感体质"，对于他人身上带有的"熵味"嗅觉非常灵敏，他们虽然很开放，但对会给自己带来熵增的人和事很警觉，这种开放只体现在向下兼容上——换句话说，当挣扎在高熵线上的人靠近自己时，他们会表现得很礼貌、很客气，但不会真正去和高熵者做朋友。这里需要特别强调一下，"靠近"不是巴结，也不是期望对方能解决自己的问题，甚至不需要一开始就去结识他们（带有功利性目的开展的社交越往上走越走不通）。我们要做的是让自己先靠近优秀者的日常状态，这和一个低熵的环境流通常是相互关联的，因为优秀者一般也会回避高熵环境，以免对目标产生干扰。

8　原文发布于2013年6月7日的MIT News。

我在香港做助教时，有一名叫D的男生令我印象深刻。他已经是副学士第二年了，非常努力，目标是升入港科大金融本科（类似于内地专升本，但条件更严苛，科大每年成功升学的副学士仅有4%）。由于概率实在不高，我在给了他一些建议的同时也希望他能做好期望管理。第二年，D给我发了封邮件，说他成功升级了，想约我吃饭。饭间，我问D这大半年都在做什么，他说他办了JULAC（香港八校图书馆联卡），整个寒假到复活节假每天从彩虹搭公车去科大图书馆自习。

我有点惊讶："为什么不去才两站路的城大而非要跑到科大那么远？"D笑着说："因为想升入的是科大啊，所以去看看那边的同学每天都是怎么学习的。""然后呢？"我越发好奇。D说："然后连续几天我都看到一个人抱着一大堆资料坐在经济学书架附近的座位，一下午除了偶尔去洗手间一直在学习。有一天我上前请教一些问题，才知道原来他是在读的经济学博士，他得知我想升学后便推荐了一些书。"我忍不住插嘴："那这也不能给你的申请加分啊？"D一脸开心地说："正巧他做的项目需要助手，于是他手把手教我研究方法、数据处理、文献搜索，我们忙活了三个多月，最后他的论文初稿被一个核心期刊接受了。"

我一下子明白了，D通过这个经历证明了自己的学习能力超出大二本科生的平均水平，给原本不出彩的履历加了分。D清楚自己的能量和能力都不足，于是主动去借助外部的能量源，推动自己进入一个良性成长的状态。事实上，即使没有做研究的经历，或者没有成功升学，通过靠近学霸人群的日常环境、观察他们用的方法，甚至只是用心感受那种专注学习的气场，他也已经走在变优秀的路上了。

我们的人生就像一条宽广的河道，主动接入高质量的信息流、人际流、环境流，相当于为自己创建了一个光合作用、水循环、大气流动的熵减小环境。心理能量的积累也有复利效应，随着时间推移，我们的内心愈发坚韧，充满弹性，像发动机一样推动着自己不断前行，即使遇到一些意外也没那么容易"废"。此外，当高质量认知大量内化后，我们的输出便开始有价值，于是自然而然地会与优秀的人产生更多交集，并被带入更适合成长的环境，形成良性循环。

集中做功：将认知能量聚焦在一处

你的时间都去哪儿了

在进入排出内心高熵的话题前，先说说第三个熵减践行理念：通过分配时间和注意力提高整个系统的做功效率。

时间和注意力都是稀有资源，也是我们构成认知能量的两大成分，在一件事上分配多少时间决定了我们对这件事的体验广度，在这段时间内投入了多少注意力决定了体验深度。

那大多数现代人是如何利用时间的呢？2019年初国家统计局发布了一个颇有深意的《2018年全国时间利用调查公报》[9]（以下简称公报）。

根据公报，我国居民每天平均有约4小时的自由支配时间，大部分用来"看电视"（100分钟）和"休闲娱乐"（65分钟）。用于自我成长的"学习培训"时间加起来只有27分钟，这还是将每天必须在学校学习8小时的中学生包括进去后的结果。如果再计入每天平均162分钟的使用互联网的时间……看看自己和周围的人，我们就应该知道我们一天的心思主要都花在哪儿了。

9　数据引用自国家统计局网站。

表1　2018年我国居民主要活动平均时间（分钟）

活动类别	合计	男	女	城镇	农村
合计	1440	1440	1440	1440	1440
一、个人生理必需活动	713	708	718	713	713
睡觉休息	559	556	562	556	563
个人卫生护理	50	48	52	52	47
用餐或其他饮食	104	104	105	105	103
二、有酬劳动	264	315	215	239	301
就业工作	177	217	139	197	145
家庭生产经营活动	87	98	76	42	156
三、无酬劳动	162	92	228	165	159
家务劳动	86	45	126	79	97
陪伴照料家人	53	30	75	58	45
购买商品或服务（含看病就医）	21	15	26	25	14
公益活动	3	3	3	3	2
四、个人自由支配活动	236	253	220	250	213
健身锻炼	31	32	30	41	16
听广播或音乐	6	6	5	6	5
看电视	100	104	97	98	104
阅读书报期刊	9	11	8	12	5
休闲娱乐	65	73	58	69	58
社会交往	24	27	22	24	25
五、学习培训	27	28	27	29	24
六、交通活动	38	44	33	44	30
另：使用互联网	162	174	150	203	98

注：
1. "陪伴照料家人"包括陪伴照料孩子生活、护送辅导孩子学习、陪伴照料成年家人。
2. "使用互联网"是上述六类活动的伴随活动。
3. 部分数据因四舍五入的原因，存在总计与分项合计不等的情况。

前面也提到过，大脑并不存在停转的时候，而占据最多时间的"看电视"和"休闲娱乐"（最大可能是玩游戏和刷短视频）也是最消耗认知能量的活动，因为它们被动、刺激、容易上瘾，能制造短暂的兴奋迅速占满脑力。同样是休闲，被动式休闲（指节奏不由我们控制的活动，如看电视）事实上比主动式休闲（指节奏由我们控制的活动，比如攀岩、绘画、健身）要耗费精力得多。大脑频繁受到高强度刺激时会以为身体正处于生死攸关的关头，自然全力配合，保命要紧。而人们之所以首选被动式休闲是因为这类活动触手可及、门槛很低，而主动式休闲不仅要求更多准备和投入，还得上手一段时间后才能逐渐体会其中的乐趣。

每天区区20多分钟，谈何成长？"把时间和注意力花在有价值的事上"这样的大道理可以一直讲下去，但毫无意义。抛开所谓的惰性、天性、自律，人们之所以会不约而同地将宝贵的认知能量分配给低价值的活动，最根本的原因是——"不然呢？那还有什么值得去追求的事吗？"这是很多生活在都市中饱受内卷煎熬的人最自然的反应。

内卷真正的可怕之处

我们确实处于一个社会文化环境变化异常剧烈的复杂时代，无论对于成长期的新生代还是发展期的中生代，每一年都在大范围刷新认知、重构价值观。年轻人在对中产式生活的憧憬中长大，目睹了狂热的全民创业潮，认知不断被媒体传播的"努力—逆袭"神话洗刷。当他们正带着憧憬准备进入社会大展拳脚时，却不幸步入挤压泡沫、增长放缓的年代，社会竞争日益加剧……大众的真实心态变化，通过每年的网络热词便可见一斑。

2016年的奋斗："洪荒之力""小目标"；
2017年的自嘲："贫穷限制了想象力"；
2018年的无奈："佛系""丧"；
2019年的哀叹："我太难了""打工人"；

2020年的宿命："内卷""躺平"；

2021年的弃疗："弃疗"；

2022年的幻灭："摆烂""X抛"。

网络热词是人心的一面镜子，奋斗、自嘲、无奈……一路心态的变迁有着别样的意义。这个变迁过程几乎就是一个漫长而经典的"习得性无助"的形成过程，很多人对外部世界有这样的感知。

在越来越多人的认知中，这是一个充满竞争且阶级"固化"的时代，结论是"我再努力最终也一无所获"，这时"躺平"便会很自然地被视为一种解药，哪怕迫于现实压力（比如需要这份收入还房贷）没有真的去"躺"。"内卷"和"躺平"剧烈冲击着我们内心的天平，当外部归因成为习惯扩散到生活各个层面时，有些人就会在遇到任何问题时都本能地回避，从是否跳槽到该不该减肥，逐步放弃自己对人生的掌控权。相比成长型思维者，固化型思维者的潜意识会轻易对这个世界中各种负面解读照单全收，最后形成了一组看待这个世界的偏执信念——正如荣格所说的："你的潜意识正在操控你的人生，你却称其为命运。"

而这才是"内卷"所被忽视的真正可怕之处：当常年被网络热词牵着走时，关键时刻决定应该做什么的，便不再是理性，而是情绪了；当一个人整天把注意力全放在关心这个世界的不公平上时，自然会将一切问题向外归因——这不一定是错的，但对解决自己的切身问题毫无帮助；当这一切习惯让自己变得越来越累时，即使有渴望成长的愿望，最终也会无意识地通过情绪对抗现实。从低欲望的"躺平"发展到今天放任欲望的"摆烂"更是情绪上的登峰造极——它以自我放弃的姿态构成一种"弱者的消极反抗"，让人放弃任何长期行为，一切都是短期主义的及时行乐、及时挥霍、及时堕落。这种破罐子破摔的情绪当然是非理性的，但多数时候能帮人夺回一些掌控感，比如把注意力集中在门槛低但马上有回馈的低级娱乐上。一个不容忽视的问题是，如果放任"我再努力最终也一无所获"这种偏执信念泛化到生活中的每个层面，那么会如社会学家伊丽莎白·伯恩斯坦（Elizabeth Bernstein）所说的被空洞情绪（Empty Emotions）——一种破坏力极大的复合负面情绪吞噬[10]。

空洞情绪会往人的内心不断填入两种给成长带来毁灭性的感受：**无望感和无价值感**。

无望感不是在某段特定时期或对某件事情感到绝望，而是一种对整个未来的消极预期。要知道，我们作为人之所以有动力且能够做一些事来改变生活，是因为我们相信自己的行为会产生特定的结果。无望感破坏的就是对这种因果关联的认知，而当人因绝望放弃任何努力时，自然会真的一事无成，这个结果会进一步强化自己"什么都不行"的信念。被无望感劫持的人会丧失自救的欲望，在遇到坏事时也因为坚信痛苦一定会来而放弃避险。

无价值感则是一种内挫型的情绪，因为看不到自我价值，便会没完没了地将自己作为批评对象进行攻击。和抱有无望感的人放弃一切行动不同的是，受无价值感消磨的人会有所行动，但只会追逐外部认可的功利价值，比如财富、权利、社会地位。拥有这些以后的无价值感者内心会更空虚，只能在焦虑驱动下追求更多名利，并在这个过程中不断取悦他人以寻求外部认可。但因为自我价值都建立在他人的评价上，无价值感者会轻易因他人的一句话使得苦苦构建的自我认同瞬间崩溃。

尤其需要一提的是，空洞情绪也是很多临床诊断中度以上抑郁症患

10　原文标题为 *Why You Need Negative Feelings*，完整文字可在 WSJ 网站读到。

者的日常典型感受。对这些患者来说，这种虚无的感受非常顽固，旁人无论说什么做什么，很难将他们的行为和态度扭转至良性方向。如果在读这本书的你陷入了全方位的无望感和无价值感超过两周，一定要寻求专业人士的帮助。没有抑郁问题的普通人群也会产生浅层的空洞情绪，但不会覆盖到生活的全部层面，比如对阶级上升感到悲观但对亲密关系依然抱有希望。事实上，空洞情绪和习得性无助的体验很普遍，全球大约四分之一的人都在某个时期经历过这种困扰，只要程度不深，大部分人能自己慢慢走出来。

读到这里你大概也意识到了，固化型思维者和内耗严重的人有着某种共性：他们更容易被舒适圈禁锢，难以从高质量的信息流、人际流、环境流中获益。当对世界形成偏执看法后，他们往往觉得自己没有选择，于是懒于把时间和注意力花在有价值的事上——这正应了美国心理医生 M. 斯科特·派克（M. Scott Peck）的一句话："**作为成年人，整个一生都充满选择和决定的机会。接受这个事实，就会变成自由的人；无法接受这个事实，永远都会感到自己是个牺牲品。**[11]"

能长久凝聚注意力的活动

轻度悲观能促使人三思而后行，但在内卷空前的今天，哪怕网上几个段子都能引起太多人巨大的情绪共鸣，轻易瓦解人的精神。而无望感和无价值感的根源，来自所思考的问题层级错位。很多宏大、抽象的社会现实问题并不是不重要，关注和思考它们也没有错，只是不适合当前

11　摘自 M. 斯科特·派克作品：《少有人走的路：心智成熟的旅程》。

还很普通、很脆弱的自己。当过多有分量的信息对一个人的认知体系产生冲击而个体无力承载时，他就会陷入一个无止境思考无解问题的恶性循环中。

事实上，多数人最应该解决的第一个问题，是停止一切关于10年、20年后的格局预测，只专注于眼前的事。工作时全力解决自己专业领域的挑战，遇到一个克服一个，不断吸收有关的知识；学习时全力攻克不懂的难题，什么捷径都不要想，就像打游戏那样来一个怪兽干掉一个怪兽。当自己的段位还不高时，能接收到的大多数信息其实都是噪声。当听别人对热搜上的"大事"评头论足时，不要跟着上头，先默默问自己一句：听这些对我当前的成长有益吗？无益就别把它往心里装，如果兴趣被点燃了，就去搜索有营养的专业书籍或研究论文——当你能做到这些时，便已经超越了大部分身边的人。当剔除了所有"关你什么事"和"关我什么事"的噪声、不再苦苦纠结于那些宏大命题、只将注意力放在解决眼前的难题上时，你的内心就一下子透亮了。然后，你会突然明白原本那些人生的沉重感是怎么来的，而自己本可以不背负这些。如此，你便可以按自己的节奏成长起来。

不断给人生做这样的减法，就是对抗熵增和内耗的最好解药——正如契克森米哈赖所说，当找到一个能长久凝聚自己注意力的活动后，即使外界有再多的负面侵扰，你也能够自得其乐。在想做的事上能随心所欲地集中注意力，不仅是控制意识最显著的指标，也是精神熵在不断排出的信号，当我们找到这个活动并投入进去时，重塑内心秩序的车轮便开始运转了。

那么这个活动应该是什么样的呢？

首先，它不应该占据人为了谋生不得不花费的工作时间，而应该在人意志完全自主时的闲暇时间进行。人与人的远景差距往往来自休闲时段做的事，而非被迫做的工作——事实上，最好只做自己认可和乐意的事，因为知行不合一是导致多数人内耗最常见的原因。其次，这个活动必须是主动式的，也就是需要人主动投入注意力去感受每一个行动与回馈，所以看电视肯定不行。最后，这个活动最好是建立在自成目标上的，也就是因为自己喜欢而做，而不是以做成这件事能得到外部奖励为驱动力。只有这样的活动才能充分让我们全神贯注，聚焦认知能量。

在全神贯注投入这样的活动时——和很多人的直觉相反——大脑能耗是极低的，哪怕连续几个小时人也不会觉得多累。契克森米哈赖通过他的研究告诉我们，在进行这样的活动时，虽然密集的思考会增加大脑处理信息的负担，但同时也会关闭接收其他信息的通道，越专注反而让人越轻松。前面说了，能在一个自己认可、愿意为之付出的目标上投入注意力，是掌控意识最显著的指标，因此熵减践行的核心目标，就是为自己找到一个具有上述特征的活动。

说了那么多，我们的熵减践行究竟应该从哪里开始呢？开始任何一项成长任务的第一性原则都是：**从自己最能控制的环节开始**。引入负熵是一个主要基于外部条件的环节，信息流部分自我可控，但人际流和环境流在很大程度上取决于外部机缘；重塑秩序的可控性排在第二位，因为分配认知能量前需要先选定一个行动目标，也就是值得做的事，而在开始做一件事前，轻装上阵是最佳状态。因此，排出高熵，既自我可控也有优先开展的必要，应该选择它作为起点。

下一章将从评估你当前的多维熵值和熵型开始，正式开启这趟熵减践行之旅！

第三章

熵减践行：做一名轻装上阵的行动派

你将从本章了解到

自己内心的精神熵状况

如何通过识别自己的情绪排出积压的熵

如何找到匹配自己优势特质的目标

如何为自己制订熵减行动计划

如何在行动受阻时定位原因

如何将熵减践行扩展到生活各个方面

测一测：你当前的多维熵值和成长熵型

读到这里的你，是不是早就迫不及待地想知道自己的精神熵到底有多高了？那就开始吧！

为了保证测试的准确度，这里不事先做说明，请扫码完成【1.多维熵值/熵型评估量表】。随后再回到这里，记录下你当前的熵值情况。

测评日期：_____

我的多维熵值评估结果

我当前的总熵值是：_____，暂时处于（□低熵 □中熵 □高熵）状态。

（满分160分，分数越高熵值越高；32~64分为低熵段，65~127分为中熵段，128~160分为高熵段。）

我在"封闭程度"的主维度得分是：_____，暂时为（□成长型 □固化型）思维倾向。

（分数越低越开放，越高则越封闭；小于40分为成长型思维倾向，大于40分为固化型思维倾向。）

我在"做功阻力"的主维度得分是：＿＿＿＿＿＿＿，暂时为（□增效型 □内耗型）做功倾向。

（分数越低越高效，越高则越低效；小于40分为增效做功倾向，大于40分为内耗做功倾向。）

将评估量表中5个子维度的得分相连，便能得到你的五向熵维图。

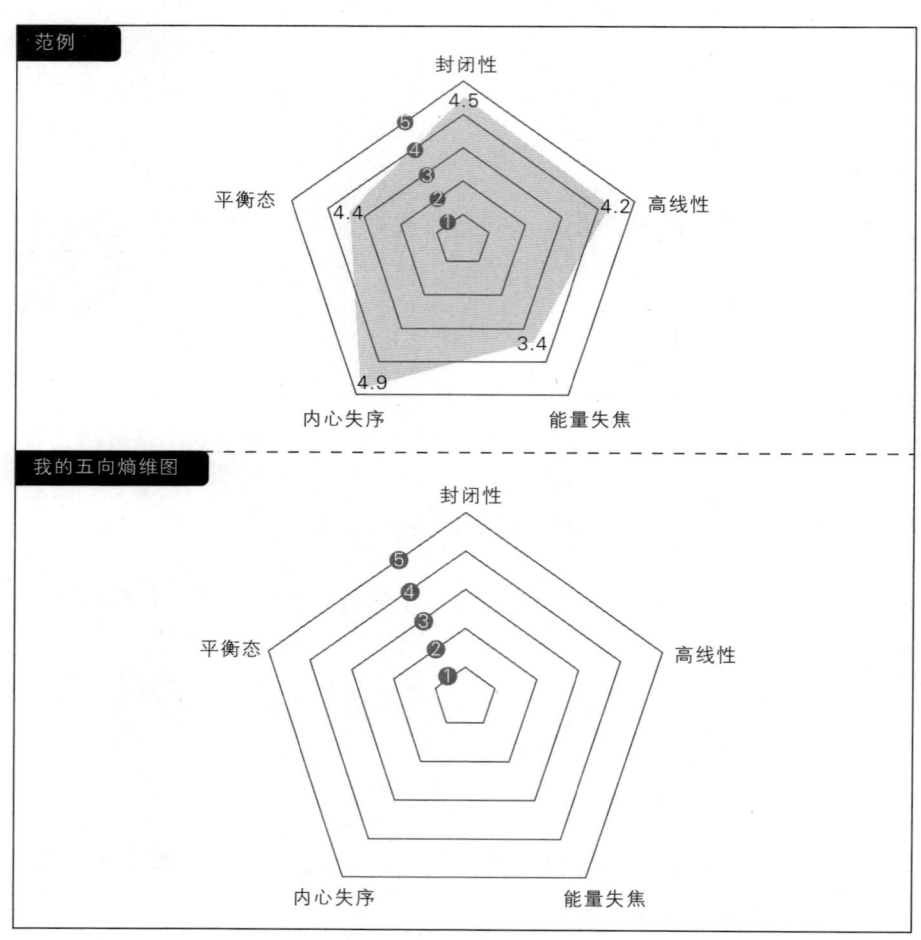

范例

我的五向熵维图

图14　五向熵维图

熵值越高的人必定内耗也越严重。开发这份评估量表的初衷，是希望能借助它综合反映一个人的内耗情况。完整测评涵盖了16个构念：目标感、自我效能感、学习信念、积极认知、回避挑战、拒绝改变、坚毅特质、过程导向、情绪敏感、控制想法、抑制欲望、反脆弱、专注力、自成目标、抗压力、逆商，并在此基础上构成了两个主维度（封闭程度、做功阻力）和5个子维度（封闭性、平衡态、高线性、内心失序、能量失焦）；5个子维度的总平均分值为1～5，如果某个子维度的分值和平均分值相差25%以上，则可视为有显著差异，意味着这是个"拖后腿"的维度，需要重点关注。

比如，你的5个子维度平均分是2.9，而"内心失序"这个子维度的分值是3.7，和平均值2.9的差异接近28%，这便意味着过度压抑欲望和敏感情绪的冲突是你最大的问题。

"暂时"的"倾向"：这只是当前的你

多维熵值的自我评估将贯穿整个熵减践行计划，帮助我们监测自己的状态。如果你够细心，会发现每一项结果里都有"暂时"这个词，因为这只代表此时此刻的你。

该评估量表的用法是：在还没开始熵减践行时可以用于日常测试，看看自己在各个子维度上有什么变化；测试周期按自己的情况和节奏来，不需要频繁到几天就测试一次（改变不会这么快），感觉自己这段时间没什么变化就不用去测，觉得有变化随时拿出来测；而当确定了一个活动目标付诸行动后，建议以月为单位做总结性复测，以便判断行动的方向是否正确；这时候主要评估两个主维度——"封闭程度"和"做功阻力"的得分是否因为做这件事而降低，然后再看各子维度之间是否相互支持，某一些维度是不是在拖另一些维度的后腿。

熵减践行虽然像一个自发项目，但核心目的不是将这件事做出多大成果（虽然这很可能是附带的收获），而是形成正向路径依赖，逐渐将自己打造成一个能自得其乐的终身成长者。所以，像大公司考评那样盯着进度和结果是背道而驰的，我们给自己的KPI标准只有一个——**总熵值有没有在降低**。如果在做一件事后发现总熵值不仅没有降低，反而连续三个月都在上升，无论这件事能带来多少物质回报，都应该在认真复盘后终止，重新选择新的目标——这一点和非线性复利原则没有冲突，在错误的方向盲目坚持是不理性的。

评估结果中的"**倾向**"是第二个关键词。倾向的意思是方向，即使评估结果为固化型和内耗型倾向，也不过说明你正走着的这条路是通往那边，但还远远没走到头呢，转一个身就可以改变方向了。"封闭程度"和"做功阻力"这两个主维度代表的也是一种动态的倾向（不像人格特质那样形成后就比较顽固和稳定），它们分别反映了个体的成长潜质。

"封闭程度"说明一个人在多大程度上具备成长型思维，低封闭也意味着高开放；在这个维度得分低的人有复利效应意识，并且能跨入伸展圈主动提升自己。"做功阻力"说明一个人在多大程度上能从外部获取负熵和排出内熵，做一件事是否能聚集认知能量；在这个维度得分低的人内心阻力很低，对挫折充满弹性的复原力，即使偶尔被内耗困扰也能很快摆脱。

4种成长熵型：海豚型、树懒型、犀牛型、海鞘型

把"封闭程度"和"做功阻力"两个主维度按评估的结果类型两两结合，便可以得到4种成长熵型。

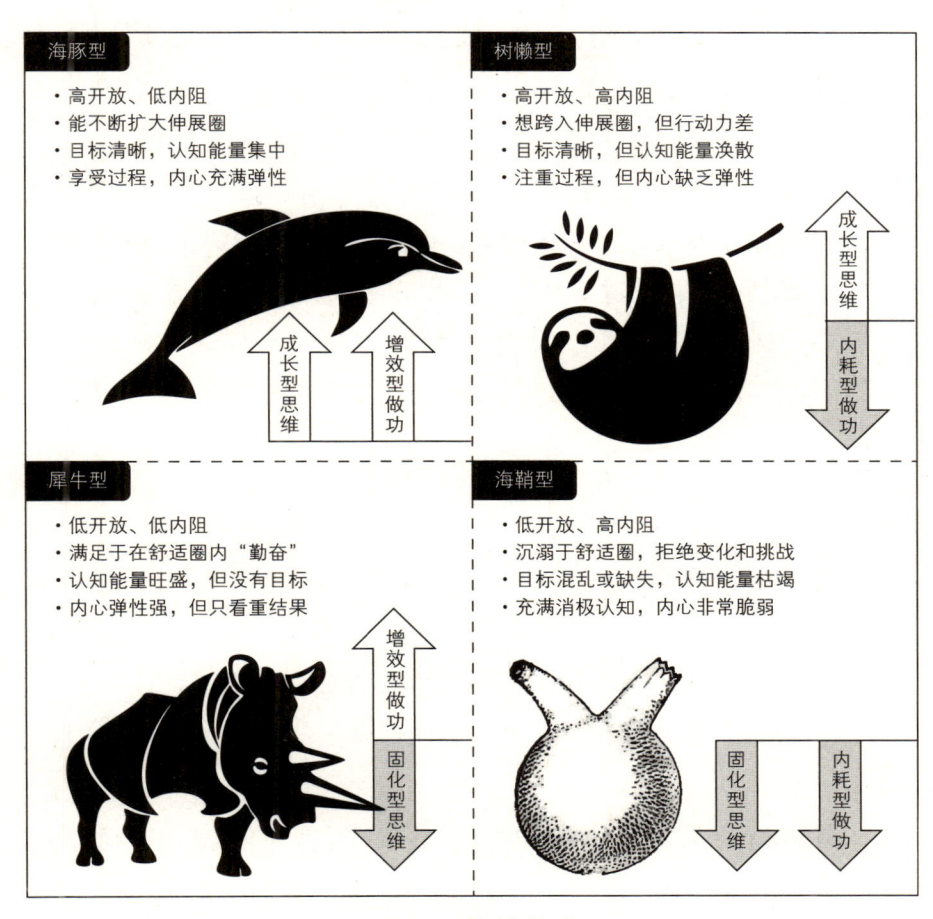

海豚型
- 高开放、低内阻
- 能不断扩大伸展圈
- 目标清晰，认知能量集中
- 享受过程，内心充满弹性

树懒型
- 高开放、高内阻
- 想跨入伸展圈，但行动力差
- 目标清晰，但认知能量涣散
- 注重过程，但内心缺乏弹性

犀牛型
- 低开放、低内阻
- 满足于在舒适圈内"勤奋"
- 认知能量旺盛，但没有目标
- 内心弹性强，但只看重结果

海鞘型
- 低开放、高内阻
- 沉溺于舒适圈，拒绝变化和挑战
- 目标混乱或缺失，认知能量枯竭
- 充满消极认知，内心非常脆弱

图15 4种成长熵型

- **成长型思维/增效型做功倾向的"海豚型"**

  根据2021年《比较心理学期刊》刊发的一篇论文，英国赫尔大学的动物学家们在对8个国家134条瓶鼻海豚的研究后发现，这种

085

智商超群的水生哺乳动物在一些行为和认知特征上与成长型思维人群具有相当高的相似度——它们充满好奇、精力充沛，甚至具有大五模型（Big Five）中"定向性"（Directedness）的特质，即高度专注、目标明确、低神经质。

海豚型的人很容易持续取得成就，虽然他们本身更在意的是享受过程带来的乐趣。他们很少被无谓的念头缠绕，喜欢在全力以赴中得到快感，处于逆境也不会轻易陷入对自我和世界的消极认知。这类熵型的人最需要注意的是保持良性动机，将这组难得的特质用于利己利他的目标上，毕竟——如果瓶鼻海豚想作恶，人类未必是它的对手。此外，海豚型的人通过心流进一步优化自己、体验更高级的快乐几乎是其必经之路，就好像玩游戏到一定段位，本能地就会忍不住想去探索未知的新大陆。

- **成长型思维/内耗型做功倾向的"树懒型"**

《疯狂动物城》中那只叫"闪电"的树懒慢慢吞吞，急死人，而在结尾时却开着跑车飞驰而过，前后反差巨大，笑料十足。树懒这种热带树栖动物确实很慢，但慢不代表它们蠢，就像动物学家贝奇·克里夫（Becky Cliffe）在她的《树懒：慢车道的人生》中指出的："足够聪明，能在应付生存所需的同时，以自己的方式生活。"

树懒型的人是生活中的大智若愚者，看得清目标，并不排斥变化，因为具有开放的特性通常也不缺少机会，但有时情绪过于敏感，过度深思熟虑的习惯使自己难以将想法付诸行动，总是在"先想清楚"这个环节陷入无限循环。此外，他们会通过刻意压制欲望来获得掌控感，比如抵御美食和娱乐的诱惑，比较在乎他人对自己的评价。树懒型的人虽然慢但属于典型的厚积薄发，内心的负累一旦被卸掉，不再做"行动上的矮子"，便会获得速度惊人的成长。

- **固化型思维/增效型做功倾向的"犀牛型"**

  犀牛虽然体型笨重，但体力旺盛、反应灵敏，如果需要（比如逃生时），能以每小时45千米的高速飞奔。这种动物具有很强的领地意识，为了保护自己的舒适圈，它可以与闯入者搏杀到底。犀牛型的人精力旺盛，在自己熟悉的领域中通常游刃有余，也能找到乐趣，在熟人眼里是个靠谱的人。但固化型思维使得他们对向外界开放有所保留，经常会用"战术上的勤奋"掩盖"战略上的懒惰"以心安理得地留守在原地，有时候也会忍不住把自己的固有观念强加给他人，令人产生压力。

  犀牛型的人不愿意踏出舒适圈通常也有个客观原因——个人的追求与社会期待很吻合，比如一个人做老师很多年，业务得心应手，收入也满意，还有来自学生、家长、同行和社会的赞许傍身，那有什么必要改变呢？很简单：居安思危。不用为变而变，但要做好"变天"的准备。事实上，犀牛型的人有巨大的成长潜力，所谓的"变"也不是非要换个职业或离开熟悉的环境，而是先从固化型思维转变为成长型思维，给自己一个打开新世界大门的机会。

- **固化型思维/内耗型做功倾向的"海鞘型"**

  海鞘是一种神奇而古老的海洋物种，它们从出生到成长完毕用不到12个小时，然后就会寻找自己的"家"——要么扎根在一块珊瑚礁上，要么吸附在某条船的船底——总之，找到后就一生都不会再移动了。然后，这个物种开始一项逆进化论的行为：由于这时候只需经过背部两个孔洞就能从海水中获取微生物养分，高耗能的大脑便被尚还存在意识的海鞘判断为"没用了",接着就开始自我吸收——也就是把自己的脑子作为养料"吃"掉了,只剩下一个简单的神经节。

海鞘型的人会将舒适圈视为最后的栖息地,即使内心备受折磨也难以下决心改变,认知能量日渐枯竭。这有点像宅在家里什么都不做、过了很久出门的感觉:对外部刺激反应迟钝但情绪上又很敏感,对稍微复杂点的问题思考能力大幅下降,神经元之间的连接开始萎缩,连走起路来都觉得手脚的摆动有点陌生。这听起来很绝望,但每个故事又都有另外一面:海鞘的血液中有一种特殊成分,使它们具备超强的复原能力,身体即使被其他生物吃掉一块也能迅速长回来。暂时是海鞘型,并不是多可怕的事,只要有改变的意愿(哪怕只有微弱的一点点),便能尝试从扫除精神垃圾开始,通过一个个关键行动逐步自我修复。

根据你的"封闭程度"和"做功阻力"评估结果,你也可以评估自己当前所属的熵型。

我的成长熵型评估结果

我当前为(□海豚型 □树懒型 □犀牛型 □海鞘型)成长熵型。

不要给自己贴标签

需要特别说明的是,虽然我并不认为将人划分类型的方式很恰当,但为了便于大家理解还是展示了4种熵型。随着践行的进行，你可能会发现自己在某段时间内属于犀牛型，而过了一段时间便成了树懒型，或者在做某件事时属于海鞘型，换了一件事做居然立刻成了海豚型，而环境一变又回到了海鞘型……这些变化非常正常，每个人的熵型都会因为一些情境因素和对不同事物的看法而在不知不觉中切换。通过这些变化我们能越来越了解一些事，比如，"我到底是不是真的喜欢做这个？""是不是受身边人的影响，导致我习惯性以固化型思维去思考问题？""我这么容易内耗，会不会因为就处在一个内耗环境里？"……所以对于现在的熵型，你应该同样把它看成暂时的倾向，避免给自己贴上"我就是这类人"的标签。

现在你已经了解自己当前的熵维和熵型了——请牢牢记住"暂时"和"倾向"，不要将了解自己变成定义自己。下面我们进入践行准备环节：清扫内心这个小黑屋里的精神垃圾。

践行准备：为内心这个小黑屋做个大扫除

想专心致志做一件事，需要尽可能清理内心的垃圾、帮助意识轻装上阵——这便是排出高熵。

内耗时人的脑中各种念头毫无秩序地肆意狂奔、互相冲撞，这时候我们根本连在想些什么都不知道，更别谈控制了。为什么发生在自己大脑里的念头，作为主人的我们却看不到？因为这些念头通常都在潜意识和意识的交界处游走，清醒时的自我视角就像个微距镜头，经过缓慢对焦后也最多就瞄到一个局部——好像你现在应该不会注意到自己的脚趾有什么感觉，但读完这句话以后，你肯定就能清晰感觉到脚趾的存在了。

感知情绪，和内心对话

内心对自我来说就像一个漆黑一片的房间，意识这东西就像手电筒一样，照到某个角落我们才会注意到那里，但它永远无法同时照亮整个房间。而在意识照不到的地方，潜伏着一个能帮我们感知这些念头的助手——情绪。在还没有能力控制意识前，情绪会告诉我们很多东西，尤其是"不快乐"的负面情绪。情绪觉察力高的人，并不会比其他人看到的更多，但更熟悉这个房间的气息，凭一点微光也能大致感觉到在这个房间里打架的"小人"都是谁。

负面情绪是一种古老的、接近本能的生物反应，它的响应速度远比人脑认知系统的处理速度快，所以意识无法直接干预它，只能在它发生时赶紧根据情况做掩饰性补救。比如电梯里进来一个自己很讨厌的人，明明内心厌恶得不行，表面上却可以若无其事，甚至笑着打招呼——但厌恶是无法因此转变成好感的。负面情绪或许能被压抑，但绝不会说谎，因此它是最客观的内心观察员。只要能仔细听明白这些声音，就能知道自己到底在想什么。

那么情绪该怎么去用呢？首先要了解一件事：**不同的情绪是有不同的时空指向性的。**

负面情绪的种类非常多，从熵减的角度，我们主要关注三种最容易被生理唤醒，也最容易被察觉到的情绪——**悲伤、抑郁、焦虑**。这三种情绪分别制造的是"过去之熵""现在之熵""未来之熵"，倾听它们的声音便等于抓住了这些"小人"："我知道你们在闹啥了，来谈谈吧！"

"过去之熵"发出的"悲伤之声"

如果回顾一下人生中无数次哭得喘不过气的经历，我们会发现它们都有一个共性，就是丧失：幼年失去了最喜欢的玩具，因为搬家不得不和最亲密的小伙伴分离，懂事后总会有那么一两次无法挽回的失恋，随着年纪渐长，身边也开始有重要的亲人离开……这种伤心甚至强烈到感觉身体的某些部分被掏走了。

这些经历带来的悲伤程度不同，但都来自一个和丧失有关的具体事件。任何一件事只要能挽回，悲伤就不是个事儿，当怎么都找不到的玩具突然在某个角落出现时，这个孩子的悲伤立刻烟消云散。但生命中大多数失去是无法挽回或改变的：当看着《蝴蝶效应》中的伊万一次又一次穿越回童年，试图补救种种遗憾却一次又一次失败时，我们会跟着感受到一波又一波的悲伤。这便是悲伤的特点——它指向的一定是过去，也就是那些让人放不下的既定事实。

悲伤本质上是对丧失感的投射。我们的内心对这种失去越不甘，越忍不住想做点什么，越会因为意识到自己的无力而生成更复杂的**复合情绪**[1]，包括沮丧、内疚、孤独、懊悔等。这些以悲伤作为底色的复合情绪成因不同，但对我们提出的是同一个要求："你内心有一块一直空着，快点把它填补起来。"

悲伤难以排解的根本原因，是心理层面这种想"填补"的念头难以遏制。这就是为什么有些人每次失恋后都会以最快的速度找一个新欢，哪怕并不了解对方。对于悲伤的诉求，我们必须和它谈判："我知道自己改变不了什么，但随便找个东西填补上会伤害更大，请和我一起想想拿什么填。"拿什么填呢？便是那些因过去产生的熵。做法是：**降解**。

"过去之熵"都是些我们放不下的往事，比如那些逝去的青春、曾经的失败、无法挽回的遗憾……它就像打翻的牛奶，随着悲伤发酵、变

---

1 复合情绪（Complex Emotion）由20世纪70年代美国心理学家卡洛尔·伊扎德（Carroll Izard）在他的情绪激活理论中提出。他从生物进化角度将人的情绪分为基本情绪和复合情绪。复合情绪主要来自基本情绪的混合体，比如内疚是由沮丧、羞愧、不安混合而成的。

质。降解的意思便是原地分解、埋葬过去，把腐化的牛奶重新分解为使内心更丰满的润土，填上这个缺口。悲伤是一种弥散性的阴性情绪。它就像沼泽那样让人很容易陷进去，不容易出来，越挣扎陷得越深，如果想用抽水机把沼泽抽干会更危险。所以对待悲伤不能强来，封存或吸走都不行，只能慢慢将它从稀泥降解为略微硬实的润土。

一个亲测有效的方法，是在听到"悲伤之声"时把这个人、这件事、自己的感受尽可能详细地写在情绪日记中（扫码可获得【2.情绪日记：排出内心的熵】模板）。在落笔的那一刻，我们就知道自己有了一个随时探访的墓地，可以来诉说，也可以来祭拜——它永远不会丢，但已经不会再产生伤害了。

记录日期：_____

情绪日记——我的"悲伤之声"

我今天觉察到自己陷入悲伤，因为（写下相关的人、事、地点、经过）：

_____。

我在这次悲伤过程中会自动想到（写下当时冒出来的念头、联想）：

_____。

我这次的悲伤感受主要是： _____。

轻微	低度	中度	高度
□倦乏	□沮丧	□哀伤	□悲痛

致今天的悲伤君：谢谢你告诉我要放下过去！

写情绪日记这种方法也适用于其他负面情绪，但对悲伤尤其有效，因为悲伤是有滞后性的，尤其是强烈的悲痛。

人们在失去一位亲人、丢掉一份工作、和最爱的人分手时，发生的当下不一定有很强烈的感觉。那种逆流成河的悲伤通常发生在一段时间之后，比如路过某个地方、听到某首歌时眼前瞬间浮现出那个影子，我们会先呆一下，还没回过神来就崩溃了。触景生情的那一刻其实也是最佳的记录悲伤、降解"过去之熵"的机会，但人们大多任悲伤流淌，每次都得从头品味一次慢慢变质的牛奶，内心的空缺被越积越多的熵占据。

我们都知道经常查看伤口不利于愈合，但伤口结痂时总是瘙痒难耐，将无法改变的过去写下来便是一个帮我们脱敏的过程，以免结痂时总忍不住去挠它。当你感到悲伤时，试一试把"过去之熵"写到情绪日记里，将其埋葬掉，你会感觉到和以往有些不一样。

"现在之熵"发出的"抑郁之声"

首先要说明的是，这里涉及的抑郁并非指临床诊断意义上的抑郁症，而是指日常的抑郁心境或抑郁情绪。我们每个人都会在生活中时不时产生抑郁情绪，它的痛苦程度和真正的抑郁症不可相提并论。通常来说，只有当一些生理和心理指标达到显著严重程度并持续至少两周以上时，才有可能是抑郁症。

抑郁情绪，从名字上就能看出来，是抑制和积郁。人在陷入抑郁情绪时心理能量极低，流动性几乎处于停滞状态，外显的表现就是对来自外部世界的刺激，不管是好是坏都没什么太大反应。这种状态下的人经常会情绪低落，对改变现状不怎么抱希望，自我价值感低，容易陷入深深的空虚和自我怀疑中。**抑郁指向的是现在——**一看到现在的自己，一想到正在做的事，就提不起劲儿来。首先和应对前面的悲伤一样，我们可以将日常产生的抑郁事件记录下来，降低对它的敏感度。

记录日期：_____

情绪日记——我的"抑郁之声"

我今天觉察到自己陷入抑郁，因为（写下相关的人、事、地点、经过）：
_____。

我在这次抑郁过程中会自动想到（写下当时冒出来的念头、联想）：
_____。

我这次的抑郁感受主要是：_____。

轻微	低度	中度	高度
□淡漠	□低落	□无力	□无望

致今天的抑郁君：谢谢你告诉我要重视当下的感受！

把人拖入抑郁情绪的因素很复杂，主要来自因长期忽略了自己当下的感受而产生的"现在之熵"。卷入现实而身不由己的我们，一方面厌恶外部强加的那些成功标准，一方面又沉沦于追逐这些标准之中，通过过度消费、考试排名、职位提升、结婚生子、买车买房这些功能性的目标来定义自己。在长期带着矛盾感追求所谓成功的过程中，我们几乎需要

投入全部的认知能量才能让这些目标勉强还在视线内,代价就是自己的感受被长期忽略,最后,身体终于站出来代表那个内心的你奋力反抗。怎么反抗呢?通过抑郁情绪收回心理能量,强迫我们停下来听它说:"你真正想要的不是这些!它们在消耗你!"

那不是这些,又是什么呢?

"你最想要什么?"这个问题我也曾问过自己无数次,后来也问过身边很多人。他们通常会罗列出一些基于功能性目标的回答。然后我追问:"这些东西是你'想要'的,还是你觉得'应该要'的?"一些想认真回答的人便犹豫了。"想要"来自很难觉察到的真正理由,"应该要"则是能说出口的功能性理由,前者就是内心的声音,但听不清楚。我知道他们不是在有意隐瞒,而是真的不知道自己想要什么。就好像我们问一个学霸:"你为什么这么喜欢学习?"他可能会说自己想考清华、北大的研,或者想进心仪的大公司,其实真正的原因是"学习很爽,比打游戏、刷抖音爽多了"——但这并不符合大众的认知,解释起来容易有误解,所以干脆给一个一听就懂的理由。

普通人和学霸最大的差异并不在智商上,而在于后者每天很自然地在做自己觉得舒服的事,而前者每天在做不舒服且目的不明的事。如果说有什么可以向学霸们学习的,那便是在觉察到抑郁情绪时先和它说:"请给我一些能量,帮我一起找到'想要'的吧!"那怎么找呢?与其漫无方向地找,不如先做反向选择,把每天毫无感觉的事情先找出来丢掉,即**清空**。

"现在之熵"来自身边的日常干扰,当我们的注意力被太多琐碎的事务呼来喝去时,我们内心一直处于无力做功的状态。既然知道了抑郁情绪指向现在，那就主动清空每天所做的事情，只留下那些想要的。除了情绪日记外，一个建议的追加方法是制订**"三任务列表"**。

"三任务列表"就是，每天把三个最重要且自己最想做的任务写在一页纸的正面，然后把其他计划做的事都作为备选任务列在这页纸的背面。三个任务写完就刻在脑子里了，而在背面这页纸上列完计划做的事后便可以把它们忘掉（它们不会丢，所以可以放心忘掉）。比如我今天要完成的三个任务是——写完现在的这个小节、读完马斯洛《人性能达到的境界》第二章并做笔记、出门慢跑30分钟。如果临时发生取快递、约饭，甚至收到一条信息一时半会也不知道如何处理的，统统往背面这页纸上"扔"，休息或上洗手间时扫一眼，觉得没必要做的直接划掉。

这么做以后，我们的意识空间里永远只会有三个任务，保证认知能量不会涣散；一天结束后回顾一下今天做了哪些事、看看什么事重要但感觉不舒服、什么事不重要但自己很喜欢，这可以帮助我们觉察和权衡自己的内心偏好，慢慢便能找到保持心理能量流动的平衡点。

"三任务列表"看起来烦琐，但等用得熟练后基本上只需要每天在脑子里过一遍就行了。随着范围越缩越小，背面这页纸上的事也会逐渐消失不见——这时候你会发现，原本自己以为不能疏忽的事，比如没回的信息、没去的聚会，其实多数即使清空了也不会有太大影响。那些值得的人、值得的事永远都在那边，而这时的你已经有足够的能量去更好地维护他/它们了。

"未来之熵"发出的"焦虑之声"

焦虑是我们每个人的老朋友了。

陷入焦虑时，人先会感到紧张，然后心烦意乱，皮肤电反应增强，身体开始坐立不安。焦虑的指向性也很明确——**指向的一定是还没发生的未来**。焦虑总会用"如果"这样的虚拟语气发出声音，比如明天有个重要的面试，今天便会担心"如果明天表现不好怎么办？考官不喜欢我怎么办？堵车迟到怎么办？"由于这个未来还没发生，但人又无法耐受这种不确定的感觉，在"靴子落地"之前焦躁不安是很自然的反应。

有时候我们想到过去的事时也会焦虑，这是在担忧悲剧在未来重演。这时候由于常常混杂了"悲伤之声"和"抑郁之声"带来的复合情绪，所以更令人难以分辨到底是什么感觉。焦虑也经常会在生活中以其他情绪的方式表现出来，比如有时候你会看到一位同事被上司训斥几句后突然失控发飙、大吼大叫，这种反常很可能不是单纯为维护自尊而反击产生的愤怒，而是恐惧引发的神经性焦虑，至于恐惧什么，便得借助心理动力学像考古一般抽丝剥茧了。

持续的焦虑是一种如溺水般喘不过气的感受，它潜伏在生活的每个方面。这种难耐的感觉驱动人们必须立刻做点什么来缓解，所以在听到"焦虑之声"时，我们应该回以两个字：**行动**。大部分人在焦虑来袭时都会做些什么试图赶走它，但方式大不相同。有的人会用一些"仪式"给一个"我已经做了"的假象，比如去抽烟、刷短视频，或者去超市买啤酒灌两口，但这些"仪式"不仅解决不了根本问题，还会导致一触发某个情境就会焦虑的结果。

除了这些自欺欺人的做法，有的人还会主动采取应对式的行动。

其中一些应对方式是**现实适应性**的，比如当一想到第二天面试要面对一排考官而焦躁不安时，有的人会花一两个小时把可能的问题和回答写下来，然后面对镜子演习几遍，或者找个朋友做一次模拟面试。这种额外的时间投入是理性的，做完后既能增强自己的信心和掌控感，又能缓解焦虑，这是**适度应对**。

另外一些**非现实适应性**的应对方式则会出现两种极端：一种极端是强迫症一般用尽每一分钟不断重复演习，筋疲力尽也不敢休息，更不愿做生活中其他事情，比如做饭、洗澡，直到最后一刻被焦虑压得喘不过气时才会停下，也就是**过度应对**，导致最后面试时状态并不好；还有一种极端便如同人生放弃者，一感受到压力便立刻放弃，干脆不去面试，也就是**没有应对**。

这两种非现实适应性的方式看起来好像是相反的：一个尽力了，一个弃疗了，但事实上它们都是在追求短平快地缓解焦虑。前者在每一次演习时会暂时感到压力没那么大了，所以上瘾般不断重复这个过程，这种非理性的过度掌控反而会导致失控。而后者则是通过直接回避现实来卸压，不仅没卸掉，还对人的成长产生破坏性的影响，因为它阻止了每一个面对和战胜恐惧的机会，使人更难应对未来的焦虑。

短平快是大部分人最常用的策略，但这是一种没有复利效应的"救命稻草"行为。除了对还没发生的事担忧，人在无所事事时也会产生焦虑，甚至更强。当人在没有目标的时候，身体是会感知到认知能量和心理能量在不断流失的，于是听到焦虑大声地喊："赶紧做点什么阻止能量流失吧！"但很多人白白承受了焦虑的难耐，却始终没有转化为有效行动，最终被越积越多的焦虑吞噬。

要应对焦虑，首先应该更多地看到其积极的功能性。它对还没发生的未来有极强的预防和纠偏作用，甚至能影响到人们的潜意识反应，因此也是最有任务导向性的一种负面情绪。早年我还在某游戏公司做打工人时，因为住所到公司需要1.5小时通勤，我每晚都会在手机上设好第二天6点10分的闹铃，结果那几年这个闹铃竟然没有响过一次，因为每次"叫醒"我的，是担心迟到产生的焦虑——对，它居然在我的潜意识中自动设置了生物钟！后来在其他事上多次印证了这一点，只要第二天一早要赶时间，无论是开会、赶飞机，还是约了人，也无论需要多早起床，我每次都能在闹铃响之前5~10分钟睁开眼，从容地将它关掉。这就是焦虑的价值！

焦虑发生时，我们同样应该把它记录在自己的情绪日记里，但这时候自动联想的念头不再需要记录，因为它们已经体现在采取的应对方式上了。观察自己面对焦虑时习惯性的应对方式，能极大帮助我们自省。如果发现自己几乎每次遇到让人坐立不安的事时就采取非现实适应性的行动，便要尝试转变。最好的转变方式，是通过熵减理念做一件事，在实际的行动中体验掌控感，慢慢地，应对方式会自然向现实适应性靠拢。

记录日期：_____

情绪日记——我的"焦虑之声"

我今天觉察到自己陷入焦虑，因为（写下相关的人、事、地点、经过）：

_____。

我对这次焦虑来袭采取的应对方式是：_____。
☐ 适度应对　☐ 过度应对　☐ 没有应对

我这次的焦虑感受主要是：_____。

轻微	低度	中度	高度
☐不安	☐忧虑	☐烦躁	☐恐慌

致今天的焦虑君：谢谢你告诉我要采取有效行动！

焦虑作为未来之熵的产物，它的本意就是触发人们将难耐的感觉转化为有效行动，只要做到了，焦虑就会原地消失。所谓的有效行动，一方面要具有成长性，只有让自己能感知到变得越来越好，才能遏制焦虑，另一方面要遵循复利效应，告别短平快，通过长期、稳定的行动告诉焦虑："放心吧，我可以。"

除了悲伤、抑郁、焦虑这些容易感知的情绪，在都市生活太久的人们还有一个更普遍的问题："我好多感受都说不清楚啊！"下面就来看最后一组情绪的声音——未知之声。

"丧感之熵"发出的"未知之声"

长大后我们都有个体会：相比小的时候，现在想说清自己的感觉好难啊！

于是，今天在网络上有了负面情绪的另一种表达：emo[2]，这是一种独属于个人，难以向他人表达和被他人感受的"丧"情绪。

你经常觉得"丧"吗？是不是有时也会引用鲁迅在《小杂感》中的"人类的悲欢并不相通，我只觉得他们吵闹"这句话？其实，将这句话改为"人类的欢喜大致相通，但悲伤不是"会更恰当一点，就好像我们时不时会在微博上看到的。

- 有人说"丧"是"对内卷常态化的绝望"，学业卷、工作卷、面子卷，以及无休止地活在他人眼光下的名利卷……经常"丧"可能是因为身心疲惫，有些无助，有些厌倦，还夹杂着对自己的失望和对未来的焦虑。

- 有人是因为"孤独了太久"，对长期无人见证独自奋斗是否有意义越来越怀疑，但最后表示自己"已经不'丧'了"，因为"已经无时无刻不在'丧'之中"。

- 还有人是"对时间流逝的伤感，对离别的不舍"。即使此时此刻身边热热闹闹，也知道都是暂时的，无可奈何又无法理解，只能告诉自己人生本就如此。

上面描述出来的这些内心感受属于少数派，更常见的是那种什么都没说、发一张自拍标注"丧"一下的人，可能是在表达"我想被大家注意、接受和认可，但不知道怎么说"。在多数情况下，他们内心那些细微的波澜属于"说都说不清楚"，最后面对他人的关心也只能来一句

---

2 "emo"全称emotional hardcore，它在网络语境中包含了"丧""伤感""忧郁"等多种个人的复合感受。

"算了，我一个人'丧'一会儿，你早点休息"。这也是这个时代的特征：当人们在陷入不明所以的失落与伤感中时，脑袋想破也找不到能精确表达自己当下感受的词。这也造成了传统心理咨询的麻烦——当咨询师问"你现在是什么感觉"时，如果回答"我有点'丧'"，你的咨询师只会瞬间变"方"。

表达感受时词穷，早就是一个全球化的现象。为了解决这个问题，一名叫约翰·凯尼格（John Koenig）的德国作家花了8年时间，专门从全球各地收录那些随着时代和社会变化越来越说不清楚的情感体验，然后为这些复合感受命名。最后，他出版了一本书，叫《模糊悲伤词典》（*The Dictionary of Obscure Sorrow*）。我选几个词条给大家体会一下。

- Onism

  为自己的身体只能困在原地而感到沮丧。比如当你站在机场的大屏幕前，上面闪烁着各种永远没有机会去的远方，然后意识到在当前生活之外还有无数美好的东西，但肉身却只能停留在眼前有限的世界中。

- Vemödalen

  对日光之下无新事的恐惧。比如当你在某个网红打卡点选到一个绝佳角度，拍下一张自认为惊艳的自拍时，突然意识到同样的照片已经有无数人拍过了，于是你的感觉瞬间从"独一无二"跌落到"空洞廉价"，进而产生"我永远都不会特别"的恐慌。

- Exulansis

  一种因为觉得他人无法理解，所以放弃尝试表达的倾向。

- Midding

  当你和知心好友一起聚会时，虽然是社交，却可以心安理得地游离在参与和不参与的边缘，这时所感到的一种静静流淌的愉悦感。比如知道自己即使一言不发，身边这班人也不会觉得"你有病"的那种安全感和满足感。

看，其实"丧"不是唯一的选项，只是要正确表达这些复合感受实在太麻烦了，以至于我们宁愿用这类词含含糊糊地带过。然后，越长大就越感觉不了解自己，自我认知一直摇摇晃晃。这种现象用一个"术语"表达就是情绪澄清障碍，也可以说是情绪粒度[3]过于细微，以至于自己都无法分辨和描述出来。这种现象是如此普遍，于是 Google 特意发布了一个叫作 GoEmotions 的颗粒情绪分类数据库，让人们为这些现有词汇无法概括的感受设置标签，与全世界的人分享。

即使说不清楚，我们也要尝试着在情绪日记中描述它。一个很好用的方法是借鉴《模糊悲伤词典》中介绍的方法，为这种感受起个自己才懂的名字。曾经有一次我在超市排队时被人插队，很不爽但强忍着没有去制止，随后内心浮起了一种混杂着气愤、厌恶、失望、羞愧的感觉。由于插队的这个人买了一堆螺蛳粉，我就给这种感觉起了个"螺蛳粉"的名字，以后再产生类似的感觉，我就会说我感到很"螺蛳粉"（螺蛳粉，对不起）。

除了说不清的负面情绪，"未知之声"里当然也可以收录各种细微的积极感受。比如今天在帮助了一个陌生人后，收获到一种害羞、自豪、

---

[3] 情绪粒度（Emotional Granularity, EG）最早由神经生物学家丽萨·费尔德曼·巴雷特（Lisa Feldman Barrett）提出，是指个体在情感体验和描述上的差异，以及把相似的情感体验区分得更加细致的能力。情绪粒度越细，辨别情绪的能力越强，反之越弱。

愉悦、如释重负而又充满动力的心情，连背着的双肩包都轻了很多。这些积极感受能让我们洞悉自己在什么情况下最容易充满力量，结合下面要介绍的价值倾向和优势特质便能更精准地选择适合的目标。

记录日期：_____

情绪日记——我的"未知之声"

我今天觉察到自己（描述感受细节）：

_____。

因为（写下相关的人、事、地点、经过）：

_____。

我想把这次的感受叫作（起个名）：

_____。

致今天的未知君：谢谢你让我更了解自己的颗粒情绪！

之所以主要用情绪日记记录负面情绪，因为它们是各种熵的制造者。人类的大脑本身就有一种喜欢囤积负面情绪的偏好，不好的感受能时刻提醒我们"要小心，这有害"，这也是古时祖先们能生存下来的根本原因。但在信息爆炸的时代，这些熵的囤积速度大大超过了内心所能承受的极限。在记录情绪一段时间后，我们将越来越清楚内心这个小黑屋里的垃圾主要来自哪里：是悲伤的"过去之熵"、抑郁的"现在之熵"、焦虑的"未来之熵"，还是未知的"丧感之熵"。把这些感受写下来的目的，就像前面反复提到的——为了脱敏。当我们在情绪平和时再以第三人的视角回顾那些曾压在心头的感受，便是在进行客观自省，不知不觉

地，内心这个小黑屋里的熵就被排解出去了。

所以在熵减践行的过程中，请记得同步使用情绪日记，为自己保持一个轻装上阵的状态——只有当内心的熵值迅速降低后，我们才能在高度专注的条件下做一件事。

践行第一步：洞察自己的优势特质和动机

审视你的天性价值观

前面多次提到，抵御外界侵扰、降低内耗的最佳途径，是将自己的认知能量投放在一项符合自己真实意愿的活动上。所谓意愿就是驱动力，它是我们为什么要做一件事的理由，也是驱使我们真正将想法付诸行动的心理"燃料"。驱动力有很多来源，比如想暴富、想出名、想获得他人的认可和尊敬等，如果排除那些显而易见的、受外部成功标准影响的动机，我们又如何知道自己真正的驱动力来自哪里呢？答案就是：**价值观**。

价值观是自我认知的底层内核。在全社会都毫不避讳地大谈特谈打造人设的今天，人们会很自然地把价值观视为自己理想人设的一部分，而在将它说给他人听的那一刻，便无意识间开始了对人设的维护。当你听到一个朋友说把保持独立思辨作为个人的最高价值观，然后又看到他不停地在朋友圈转发那些阅读量10万+的标题党营销文，拿着他人观点人云亦云地批判这个批判那个时，你就知道他的行为和价值观不符，或者这只是他想要却始终达不到的理想自我。

一个人说自己持有某种价值观，本质上是在定义自己觉得什么是

"值得的"。从行为经济学的角度，只需要弄清楚两件事就能一窥自己真实的价值观：第一件，怎么在自己身上花时间和花钱；第二件，自己最害怕失去的是什么。前一个问题关于资源分配，后一个问题关于底线代价。现在我们来简单试一试。

首先，请你列出对自己来说最重要的5个人生价值要素，比如家庭生活、亲密关系、朋友社交、身体健康、娱乐享受、个人成长、社会赞许、事业成就、学业成就、财务安全，等等。

我的价值要素排序是（从左到右，按最重要→最不重要填写）：
_____、_____、_____、_____、_____。

然后请回忆一下，你过去一周除了必要的吃饭、睡觉、工作、学习时间，剩余的自主支配时间分别投在哪些和以上这些要素有关的活动上。注意，一定是自己能决定做什么的自由时间。

我的时间投入排序是（从左到右，按投入最多→投入最少填写）：
_____、_____、_____、_____、_____。

好了，如果排前三的价值要素恰好也是花时间最多的三项（顺序不用完全一致），说明你的价值观与理想自我完全匹配，便是所谓知行合一；如果排前三的价值要素，你都没有为它们分配时间，那你需要想一想：为什么会选择把时间花在自己觉得不重要的事情上？那些自认为重要的价值要素，到底是自己要的，还是别人给的？

下面继续，请你列出上个月可自由支配的收入（除去租房、还贷、缴水电煤气费、吃饭等必需开支）的去向，比如喝咖啡/奶茶、买书、买股票、进修、上钢琴课、社交泡吧、办健身卡、买衣服/鞋子、去美容院，等等。注意，给孩子报学习班和去医院看病这种属于必需开支，你要列出的是完全自由决定用在自己身上的消费。

我上个月最大的五项自由支出是（从左到右，按开支最多→最少填写）： ＿＿＿＿、＿＿＿＿、＿＿＿＿、＿＿＿＿、＿＿＿＿。

现在看一下这些支出中哪些属于投资，哪些属于消费，然后再深入分析：哪些是外部投资，哪些是自我投资，哪些是物质消费，哪些是精神消费，哪些是长期的，哪些是单次的。如果让你将上个月支出最多的一项，比如花在每天一杯星巴克上的1050元（一定是觉得值得），转去花在健身或进修上，你觉得一样值吗？如果回答是"一样"，那么在只能二选一的情况下，你选哪个？……这一系列对花钱的解释，便映射了我们内心那个不轻易示人的天平。

观察自己的时间和金钱都去哪儿了，能帮助我们洞悉自己价值观的其中一面：理想自我与真实需求是否一致。而要明晰价值观的另外一面：维护理想人生的动力，则需要诚实地回答一个问题，"我最怕失去什么？"

每个人都有最怕失去的东西，比如房子、存款、地位、容颜，这些属于外物；学识、独立、名誉，生命，这些属于内物；还有孩子、亲人、朋友，以及他们对你的爱和赞赏，这些属于他物。现在想一想：

我最怕失去的是：＿＿＿＿＿＿＿＿＿＿＿＿＿＿＿＿＿＿＿＿，
属于（□外物 □内物 □他物）。

外物对维持生存很重要，但超过生存所需就无关紧要；他物更重要，但无法强留，有则珍惜，去则随缘；内物的核心是自我认同，当失去其他两物时，它是内心最后的支柱。为了保护最怕失去的东西，我们往往会不惜代价，因为这个东西一旦没有了，人生的意义就好像随之烟消云散了。这其实是一种基于执念的价值观，就像固化型思维模式一样，并不利于我们在漫漫长路上有弹性地成长。这几年大家都能明显感觉到，世界正变得无法预测，黑天鹅般的事情此起彼伏，今天万分惊讶，明天就接受了。既然我们能接受无常的世界，为什么不能接受变化的自己呢？只有意识到大部分的东西控制不了，才能真切感知到自己能控制的部分，就像在生活被疫情一路打乱节奏后，很多人对内心理想生活的样子开始变得清晰起来。

上面这些简单测试，展示的是自己当前的，或者说很久以前到今天为止的价值观。价值观不一定能完全改变，但它可以优化——还记得之前在熵维和熵型测试时反复强调的"暂时"和"倾向"吗？我们在为自己确定熵减践行的目标前，还需要先找到现有价值观中的天性优势特质，然后将其发挥出来。在了解了优势特质后，我们便有一套标准，判断成长对自己到底意味着什么、什么样的事既有利于自我成长又符合自己的意愿和优势，不至于因为各种别扭最后做不下去。

请扫码完成【3.天性价值类型评估表】，随后回到这里把结果填写在下面。

我当前的天性价值类型是：_____。

☐A. 价值引领者 　　　☐B. 价值传播者

☐C. 价值增值者 　　　☐D. 价值创造者

我的最优价值组合是：_____ + _____。

下面这张表对天性价值类型做了详细说明，通过它，你可以了解自己所属类型的优势特质和动机。

表2 天性价值类型说明

价值引领者		
倾向描述		需要很强的现实掌控感，擅长施加影响推动现有框架的变革，相比单打独斗，更愿意激励团队展开协作
典型职业		企业家、政治家、NGO组织者、社区管理者
优势特质		有大局感，说服和谈判能力强，充满人格魅力，适合以凝聚群体共识为导向的活动，建议选择能推动社会良性改变的领域设置成长目标
动机	内源性动机	运用天赋和追求个人信念，带领群体实现共同目标
	外源性动机	利用群体对自己的信任满足私利而不是利他
	模糊性动机	迷失了信念，陷入对权力的迷恋，又忍不住自我谴责

价值传播者		
倾向描述		需要独立学习和思考的空间，也喜欢向外输出，相比金钱、权力，更珍视自己的知识储备和外界认可
典型职业		教师、培训师、运动教练、自媒体博主
优势特质		能主动学习，乐于分享所知，引导他人变得更好，适合有定向传播性和高反馈性的活动，建议选择自己最自信的知识领域设置成长目标
动机	内源性动机	通过学习—分享—反馈的闭环获得自我成长的满足，通过利他感受幸福
	外源性动机	追求知识人设的快速变现，逐渐丧失学习热情
	模糊性动机	在引导他人成长和利用他人出名之间摇摆不定，无法沉浸在学习中

价值增值者		
倾向描述		喜欢将手头资源排列组合优化，能在确定框架内做到最大增值
典型职业		程序员、室内设计师、工程师、治疗师、厨师、医生、律师、公务员
优势特质		对细节敏感，执行力和统筹力强，适合需要高度聚焦和稳定推进的活动，建议在自己最擅长的专业领域设置成长目标
动机	内源性动机	追求专业上的极致发挥，享受为服务对象提供价值的过程
	外源性动机	追求在框架内利用手头资源最大化利己，逐渐丧失对专业的深入
	模糊性动机	目标不清，见机行事，两头不讨好

111

续表

价值创造者		
倾向描述		敢于在未知中成长，喜欢从无到有创造出一个新事物
典型职业		科技创业者、艺术家、科学家、作家
优势特质		精力充沛，好奇心旺盛，适应力强，适合在变化中探索最佳道路的活动，建议选择自己有初步了解且充满激情的挑战领域设置成长目标
动机	内源性动机	在专注创造中自得其乐，能在满足自己和他人之间找到平衡
	外源性动机	一心通过才华和创意赢取名望和金钱，对创造逐渐漠视
	模糊性动机	既想享受创造又想迎合市场，经常与初心产生冲突

我的优势特质是：_____。

每个人都有从自己的天性价值观中衍生出的优势特质，需要给它充分的发挥空间。不过我们也经常发现，那些能发挥自己优势的事不一定是自己最喜欢的，而喜欢的那些事自己又不擅长，最终驱动我们去做那些并不十全十美符合心意的事的，就是前面多次提到的**动机**（Motivation）。动机决定了我们会如何去利用这些优势特质，它就像一把水果刀，爱你的人拿着它会端上来一盘切好的新鲜水果，反社会人格的人拿着它就是凶器——如果动机不同，相同天性价值类型的人也会做出迥然不同的事。

动机：做一件事的理由

在表2中，每一个价值类型都有三种动机：**内源性动机、外源性动机、模糊性动机**，其熵值程度依次递增。内源性动机和外源性动机的差异，简单说，就是前者是自愿的、自我奖励驱动的（比如，我喜欢学英语，因为能读英语原著很快乐，这本身就是一种回报），后者是被迫的、功能性的、外部奖励驱动的（我必须学英语，因为想考四六级，想进国际大厂拿更高的薪资）。这两种动机并不互相排斥，我们每个人做事都会同时混合了内源和外源性动机，既有自发兴趣的成分，也有想获得外部回报的成分，只不过看哪个动机占比更大一些。

但模糊性动机则是另一回事，它带给人的往往是一组矛盾的理由，内耗严重的人通常整天都在模糊性动机下行事。比如，一个人一方面在工作中游刃有余、充满成就感，另一方面又觉得这么拼最后都是在给老板干，于是在享受工作快感的同时内心又是抵触和厌恶的。相比矛盾重重的模糊性动机，无所事事、漫无目的的模糊性动机更是灾难。当一个人因为实在没有其他事可做时才做一件事，这对人的内心秩序可谓是摧毁性的。

即使在做同一件事，动机类型不同最后带来的心理感受也完全不同。当内源性动机是我们做一件事的主要驱动力时，整个过程会既轻松又享受，综合情绪感受处于最佳状态，熵值最低，也最有机会进入心流。而当外源性动机占主导时，虽然有熵的烦扰，如果我们依然可以集中认知能量完成任务，情绪不见得会多恶劣，最后若有好的结果也会令人振奋。但是模糊性动机需要一开始就挡在门外，持有这种和熵减理念背道而驰的动机去做一件事，还不如不做。

能在内源性动机下开展一个活动是最理想的。这种动机之所以熵值最低，因为它符合人性深处最根本的一个需求：自主权（我选的，我喜欢，我要做）。下面的这个小故事你可能听过。

有一群熊孩子每天在一位独居老人家门口玩耍，喧闹连天，人见人烦。一天老人终于受不了了，他走出门来，给了每个孩子20元钱，一脸笑容对他们说："谢谢你们呀，我一个人住在这里好孤独，是你们让这儿热闹起来了，我感觉都变年轻了，明天一定再来。"熊孩子们兴高采烈，第二天又来嬉闹而且更卖力了，老人再走出来，给了每个人10元钱，说："很抱歉呀，我没有收入，只能少给一点了，明天还请你们过来。"10元也不少吧，孩子们拿了钱走了。第三天，熊孩子们准时来了，老人带着歉意的笑脸，给了他们每人一块钱硬币，说"明天见。"熊孩子们勃然大怒，"玩一天才一块？你知不知道我们多累！走了，再也不来这里玩了！"

同样是玩，为什么有钱拿以后熊孩子们反而不乐意了？或者这么说，老人给钱以后，到底改变了什么？改变的就是一点——"玩"的自主权被剥夺了（拿了钱就得天天来"打卡"），这件事从找乐子变成了有偿劳动，动机从内源驱动（自我奖励）瞬间转换为外源驱动（外部奖励）——于是孩子们决定不玩了！

我们自己又何尝不是如此？一旦把目光放在获得多少外部奖励上，这件事便多少变得索然无味了，这种经验并不罕见。作为成年人，我们的动机时刻在跳来跳去，这也是我们内心变得越来越复杂、熵值越来越高的原因之一。一个人刚加入一个NGO（非政府组织）时是被内源性动机驱动的，一心想着为弱势群体争取权益，坚守个人信念；但一段时间后可能因为一些失望，也可能因为没能抵御住诱惑，参与公益的动机变成了为自己输送利益；再过一段时间又幡然醒悟想找回初心，回到以内源性动机驱动。一件事开展的初期也是动机最不稳定的时期，它的波动比多数人以为的要频繁得多，所以我们开展践行活动时，要时刻关注当下的自己是被什么驱动的，要尽可能保持动机的一致来减少内心冲突。

最后说说最优价值组合。和动机一样，每个人的价值类型都是混合的，一个人在具备引领者特质的同时也具有传播者的天赋，这一点也不冲突，他既可以带着一个团队为了共同信念往前冲，也能静下来独立学习，然后将新的认知分享给更多人。一个善于创造新事物的创业者，也可以在公司上市后瞬间化身为一名执行力超强的增值型掌门人。如果去看各个行业的高手，比如在教育培训、自媒体、手机制造领域曾掀起波澜，最近又计划进入AR/VR领域的罗永浩（商业上是否大获成功，是受很多客观因素影响的，这里只说个人能力），你会发现他们很多都具备轻松跨界的能力，这种能力被称为个人认知/价值体系的可迁移性。

在你了解自己的最优价值组合后，选择目标时便不要过于受限，收回类似于"我年纪太大了，这是年轻人才能做的事吧""这事从没做过，我肯定不行"这些刻板的借口，相信自己的优势特质，多给自己突破和尝试的机会。

践行第二步：选出值得投入认知能量的事

熵减，顾名思义，就是要从思维到行动都做"减法"。这个"减法"并不是少想少做，而是把混乱的想法梳理清晰，把复杂的行动化繁为简。一时的辛苦能带来长久的内心有序——这就是为什么前面要花这么大力气梳理情绪、价值观、优势特质、动机，只为了下面选出来一件值得你投入认知能量的事。现在，我们就要为自己寻找那个行动目标了。

确定成长方向

选择一个能在闲暇时间开展的行动目标，自然是为了获得最有效的成长，正如前面所说，它应该是一个自身价值观认可的、主观上乐意的，同时能主动投入注意力的活动。通过上面一系列关于自我认知的测试后，现在的你已经知道自己的天性价值类型、最优价值组合、优势特质了，想找的答案几乎已经跃然纸上了。

比如我本人是价值创造者的类型，我也了解到自己的最优价值组合是价值创造者+价值传播者，于是在列出一堆和这两类相关的优势特质后，我开始尝试做认知分享类自媒体，虽然当时连个片子都不会剪，但基于对自己学习能力的自信和与他人分享的激情，第二天我就完成并上传了第一条视频。之后机缘巧合开始写这本书，虽然从没做过类似的事，我依然相信在优势特质的加持下可以完成它。

对你来说可能也是如此，一个自发的、能发挥优势特质的行动目标并不等于一件你做起来已经很熟练的事（否则就变成了工作的延续），它是那种能融入自己天性价值观、在认真尝试后大概率能坚持下去的活动。目标一开始不需要很大，甚至可以从非常微小的目标起步——请记住，我们开展熵减践行的目的是在这个过程中降低自己的精神熵，而不是要取得多少外部成就。除了能发挥优势特质，一件值得做的事还具有两个判断标准：**第一，必须是能带来成长、符合成长型思维和开放性原则的；第二，必须是自我可控的，没有他人也没有外部阻力会干扰的。**

符合这两个标准的都属于能让你打破平衡态、跳出舒适圈的有价值的事，无论大小都有成长性。现在请往上翻一翻之前填写的价值要素排序，回顾一下自己最想要什么。比如，如果对你来说最重要的是"健康"，这就可以优先作为你的成长方向，当然也可以选择别的。有了方向以后接着设置目标，每天做10个俯卧撑或三餐里有一餐是低脂餐，这都属于有成长性的目标，虽然它们看起来那么简单，一点都不"燃"，但长期实施后的效果最终会令你的朋友们惊讶。有了方向和目标后，再看下自己的优势特质。如果你是一个价值传播者，那么可以试试把每天做10个俯卧撑的心得分享出去，通过与他人的互动得到正回馈；如果你是一个对细节敏感、喜欢钻研的价值增值者，看似机械的俯卧撑有很多技术细节，比如新手应不应该用俯卧撑支架、两掌间距宽度多少合适、下沉到什么程度、速度应该快还是慢……太多东西足够你研究成半个专家，并从中得到自给自足的乐趣。

方向和目标都有了，下一步便是确定是否自我可控了。什么叫自我可控呢？——没有资金障碍，没他人帮助也能做，没人强迫你做不做，做的时候能排除干扰，做成什么样不需要妥协，不需要意志力强迫自己做，在做的过程中能诚实面对自己的感受而不需要向任何人交代。比如每天做10个俯卧撑这种活动就非常可控，体力上肯定能做到，不需要花很多钱添器材，随时随地可以进行。以此为例可以列出很多类似的行动目标。自我可控中最不可控的，可能是客观的外部干扰，比如做到一半被一个电话打断了，家人觉得你不务正业了，朋友抱怨你都不出来耍了，等等。所以，我们需要在初期先尽可能预防干扰，事先和身边的人说明以获得他们的理解和支持。同时要为自己选择低干扰的环境，比如在自己房间里做俯卧撑、去图书馆写书，期间把手机设置静音。

成长性/可控性原则：摆脱不值得做的事

现在我们选择行动目标的逻辑就清楚了：**首先排除对个人成长无价值的事，然后在对成长有价值的选项里选择相对最可控的。**

在选出闲暇时间进行的熵减践行行动目标前，先扫码完成【4.成长性/可控性评估表】，分析一下在一个典型的工作日中（包含了强制性上班/学习和回家后的闲暇时间），我们的生活主要被什么事务占据。虽然每个人都知道应该尽可能把时间分配给A（2），也就是既能让自己成长又可以自主决定的事，但当你试着往里填的时候就会发现，这类事比你自己想象得少得多。在现实中，大部分人的时间都用在了B类事务上，B（1）最典型的就是上班，被迫日复一日地重复劳动，或者在休息日被无所事事的朋友拉出去打发时间；B（2）就更多了，想想身边有多少人一逮到空档就马上打开手机刷抖音、玩游戏；B（3）也不算少，其中一些不仅对个人成长无价值而且还有危害，比如不顾家人反对滥赌成瘾导致家破人亡这类事就是。

我对目前主要事务类型的一些建议如下。

- 如果你发现自己的日常大多被B（1）占据，应该先想想如何拒绝大部分这类事务，要是工作也属于这一类，请尽快让自己变强大，直至有底气摆脱它。

- 如果B（2）和B（3）居多，不用多说，这就是这本书一开始说过的要达到的目的——逐步用有成长性的事把无成长性的事替换掉，降低精神熵。

- 如果A（1）居多，可以通过设计正回馈的方式，先让自己做得不那么痛苦，然后伺机逐渐减少这类事务，把时间、精力腾出来——很多工作确实是这样的，虽然不得不做，但能学到东西。

- 如果你为自己想做的事属于A（3）而苦恼，请把苦恼收回，因为这说明你的内源性动机已经足够强，一旦障碍解除，成长就会非常快，不急一时。A（3）往往是真正最想做的事，甚至可能就是你的最终梦想，你可以先将它放在一个愿望清单里，有空时便想象你开始做这件事并写下详细的想法，比如怎么实现它，会有什么困难，需要哪些资源……提前为它做预演准备。

表3　成长性/可控性评估表

可控性	成长性	
	A　对个人成长有价值	B　对个人成长无价值
（1）不想做，但不得不做	建议：设计正回馈来做	建议：尽可能拒绝直至完全摆脱
（2）可以选择做或不做	建议：制订计划多做	建议：少做
（3）客观条件不允许做，或别人反对也想做	建议：创造条件多做	建议：不做

只聚焦一个行动目标

回到为自己选择闲暇时间进行的活动，它们都在A（2）这栏里了——有成长性、最可控。这类活动有哪些呢？生活在现代社会的我们其实有很多选项，比如手绘、翻糖、配音、作曲、做瑜伽、健身、编程、学外语、写小说，甚至玩剧本杀……只要是能让你专注思考和感受的，都是个好选项。你也许会问："这里面没多少正事，很多不都是玩吗？"这点我不认同，因为做好这些事需要付出的认知强度是很高的——这就是对个人成长有益的事，只不过未必有确定的外部报酬（即所谓"正事"的目的）。

但是践行能否持续进行下去取决于认知能量的分配。我们的注意力和时间是有限的，如果A（2）里有多个选项，一开始最好只专注于其中一个（如果你列出的都是做10个俯卧撑这样的单一任务，那么可以同时做几个），随着控制意识的能力越来越强，再考虑增加并行目标。那选哪个呢？如果你偏偏还有选择困难症，下面这个简单的方法可以试一试。

把这些选项都列出来，假设它们都在进行，你可以依次问自己两个问题："现在有人给一笔钱（比如1000块）让我不要做这件事，我愿意吗？""现在我必须要额外花一笔钱才能做这件事，我愿意吗？"

如果在某个选项上两个问题的答案分别是"不愿意"和"愿意"，那就选这个作为你的熵减践行行动目标，因为它体现了最强的内源性动机。如果答案都是"不愿意"，那就问问自己哪些选项在第一个问题中自己更不愿意，用排除法删掉内源性动机相对弱的那些。按这个思路，最终会得到一件对你来说最愿意去做的事，现在请把这个结果写下来。

我将会投入认知能量的行动目标是：＿＿＿＿＿＿＿＿＿＿＿＿＿。

践行第三步：明确定义你的行动目标

现在你已经有了一个行动目标，虽然我没法看到你写的是什么，但想先分享一个行动前的规定动作：对它做出定义，也就是**明确它的意义和执行计划**。

在刚念大学，还没受过完整的学术研究训练前，我在一篇论文初稿里写了这么一句话："国外游戏产业开始出现一些媒体化特征，通过游戏植入广告（In-Game Ads）扩展了收入来源"，交上去后被导师一顿批评："'媒体化'什么意思？指这些游戏本身是承载信息的媒体，还是指运营模式接近媒体广告？定义不清！"当时我觉得很委屈：不就是有那么一点点不严谨吗，况且自己还没有上研究方法课。这件已经过去快20年、本来应该被大脑突触修剪掉的小事，居然还会不时在我脑中闪现出来。

之后工作、读博、创业一路走来，我越来越明白当时那位导师"小题大做"的必要性——定义不清不仅仅是学术研究中的根本性错误，在生活和工作中也是思维变得复杂臃肿的重要原因。自己想不清楚、和别人说不清楚，就必定会费大力气做一堆意义不明的事，就好像人人都认同早起是个好习惯，为什么很多人无法坚持下去呢？因为很多次早起后不知道做什么，发着呆，看着窗外天色慢慢泛白、逐渐喧嚣，内心反而生起惆怅。早起的意义在于：利用清晨这段身体和意识秩序程度最高、外界环境熵最低的黄金时间，想要健康体魄的出门去锻炼，想要提升认知的翻开书本学习，想要好情绪的放点音乐给自己，然后从容地做一顿早餐……而不是因为它是个公认的"好习惯"。

到开始系统整理熵减践行时，我更意识到为什么"熵"这种东西会死死霸占着自己的内心，这是因为我们一直在以模糊的方式感知自己、描述世界、解释现象。国人有一种非常值得商榷的处事态度，就是只要聊到严肃话题就总会有人来一句"干吗那么认真？"这里想邀请你从明确定义行动目标开始，逐步到生活的其他方面也拒绝模模糊糊——相信我，模模糊糊只对那些别有用心的人有利，而对你只有坏处。那些人有另一套行为逻辑和影响他人的套路，而他们绝对不会翻开这本书，更不想看到一个变得越来越清澈、透亮的你。

让行动目标从模糊到清晰

言归正传。为所选目标做出明确的行动定义，就是从什么事值得做，进入说清具体做什么、为什么做、用什么方式做、如何有计划地做。"我想摆脱手机成瘾""我想读完10本心理学书""我想让自己的身材变得更好"，这些是目标没错，但还属于愿望性的目标，而不是可执行的目标。一个可执行的目标是从愿望开始，衍生出具有功能性和意义性的细化目标，最后通过一个有方向的计划将行动分解。

拿"我想读完10本心理学书"为例，可以这样来发展它的行动目标："我想通过读10本心理学的书（初始愿望）全面了解自己内心的问题（功能性目标），在这一年里我会每天读一至两章并做笔记（行动计划），将受到启发的内容和内心困惑进行关联，通过客观自省接受真实的自己、获得前进的动力（意义性目标）。"此外，我们要辨析自己初始愿望的行动诉求的性质，比如"我想摆脱手机成瘾"这样的初始愿望，从根本上看，需要通过其他活动填补原来玩手机的时间，因此行动目标就应该包含两个方面：一是改变无节制玩手机的惯性，二是找到新的事情填充闲暇时间。

我自己写这本书时也有过发展行动目标的过程，并且随着行动的进行不断修正定义。

表4　定义和发展行动目标的流程

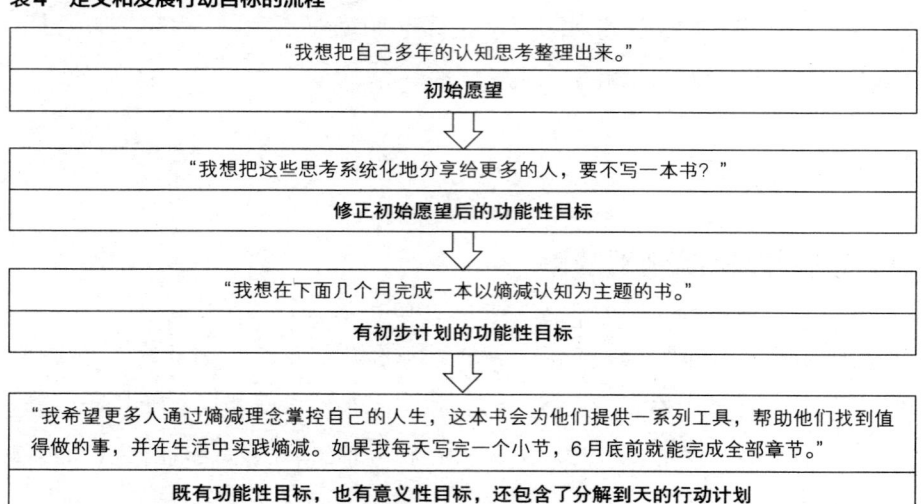

"我想把自己多年的认知思考整理出来。"
初始愿望

⇩

"我想把这些思考系统化地分享给更多的人，要不写一本书？"
修正初始愿望后的功能性目标

⇩

"我想在下面几个月完成一本以熵减认知为主题的书。"
有初步计划的功能性目标

⇩

"我希望更多人通过熵减理念掌控自己的人生，这本书会为他们提供一系列工具，帮助他们找到值得做的事，并在生活中实践熵减。如果我每天写完一个小节，6月底前就能完成全部章节。"
既有功能性目标，也有意义性目标，还包含了分解到天的行动计划

你看，我的初始愿望和最后的行动目标相差很远，其实其中还省略了无数次的反复纠结。每个人在践行过程中都会不断回顾愿望、挖掘意义，直至能触及我们真正想得到的那个东西。而在你落笔写下这个行动目标时会发现，想写清楚真的很难——我们和那些行动派高手之间的

区别，不在于执行力，也不在于意志力，而在于对目标清晰分解的能力和意义自洽的程度。一个模模糊糊的行动目标不是不能执行，真正的困难之处在于人的天性都不愿意推翻已经思考过很久的东西，一旦不清楚下一步应该做什么，便会在惯性认知的支配下放弃推进，转向那些更舒适、更简单的目标。

在发展行动目标的过程中，最难找到的是意义性目标，它可遇不可求，往往是在做这件事的过程中突然蹦出来的，我们不用强求一开始就做到位。所以，现在定义的行动目标不清晰没有关系，每个人都是在试错中成长的，关键在于不能惧怕推翻自己，更不能任由惯性认知合理化自己的退缩。如果在你开展行动的过程中觉得迷失了方向，也可以回到这里，扫码获得【5.行动目标发展导图】，从个人愿望开始重新梳理——记住一定要写下来而不是只在脑子里过一遍，因为大脑会天然地把写下来的东西当回事，就像和自己签订契约一样。

好了，现在请在下面写下自己的行动目标。

我定义的行动目标是：＿＿＿＿＿＿＿＿＿＿＿＿＿＿＿＿＿＿＿＿。

践行第四步：诊断出阻碍你行动的元凶

提炼出关键行动

行动目标定义完毕后，就可以执行它了。所谓执行，就是提炼出行动目标中的关键行动，分解到一个个细化的时间单位来做。这个"关键行动"需要将具体行动进行量化并保证能反复做到，最好以"天"为单位，你也可以根据自己的情况设置。比如我写作计划中的关键行动就是"每天写完一小节"，而不是"6个月写完整本书"，也不是"每天写作8小时"。你在上面定义的行动目标里应该已经包含关键行动的描述了，现在请把它明确地再写一次。

我的关键行动是：＿＿＿＿＿＿＿＿＿＿＿＿＿＿＿＿＿＿＿＿。

经验告诉我们做一件事很少会一帆风顺，而用意志力或其他极端方式（比如把自己锁在一个酒店套房里写作）强迫自己更容易适得其反，也违背了熵减践行的初衷（反而会导致大量熵增）。所以与其拼了命去保证做到，不如分析一下是什么让自己做不到。

简单说，一个关键行动能否做到取决于三个共同产生效果、彼此制约或促进的行动要素：

- 能力（Ability）

- 动机（Motivation）

- 挑战（Challenge）

AMC行动诊断模型

为了便于记忆，我用这三个要素的英文首字母命名了一个工具：**AMC行动诊断模型**。下面就拿我写这本书为例，说明到底哪些情况让我们的行动或顺顺利利或阻碍重重。

开始写作的第一天，我一口气完成了两个小节，于是我给自己定了"每天两小节"的目标。但在后来的三天中，就算每天只吃两餐、连续工作12个小时以上都无法完成——这说明挑战是高于能力的。然后，我把目标调整为"每天一小节"，让自己的能力略高于挑战（如图16左边的情况），则在这三个月里除了偶尔要出门办事或社交，只要在家全身心写作我都做到了。那你也许会问，为什么第一天做到了呢？因为第一天的动机强度特别高，像打了鸡血一样超常发挥了（也就是图16中间的情况），并且之前为开篇看了很多资料酝酿已久，所以就会写得比较顺利——但很明显，这是不可持续的。

通过这个例子，你大概也明白AMC行动诊断模型三个要素的关系了。

- 当能力略高于挑战时，虽然动机强度一般，但关键行动一般都能做到。

- 当能力略低于挑战，而动机强度很高时，关键行动有时也能做到。

- 当能力远远超过挑战时，即使动机强度很低，关键行动通常也能做到。

这三个要素相互影响的情况在我们的生活中经常会发生，比如：第一种对应的是每天写日记的习惯；第二种对应的是虽不擅长收纳但实在忍不了脏乱的房间而起身收拾；第三种对应的是窝在沙发里刷手机。

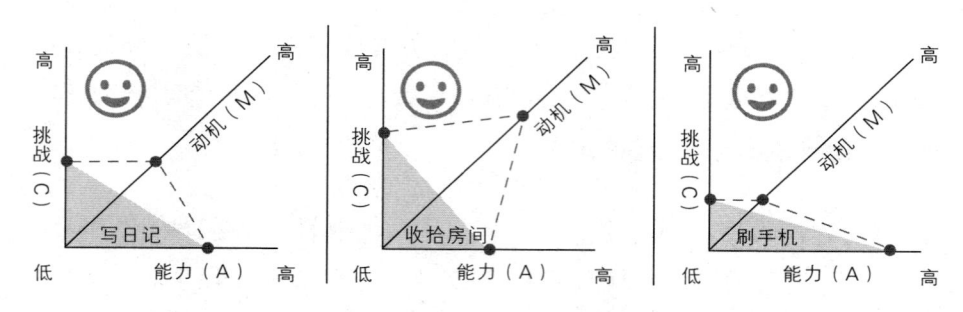

图 16　AMC 行动诊断模型——行动成功的情况

上面三种行动成功的情况显示了一个共性：我们能做到的关键行动，动机通常都处于能力和挑战三角区域的外围——除了一个例外，就是当挑战远远超过能力时，即使动机强到"爆表"通常会也会失败。比如一个人游泳技能很弱，也没有水中救人的经验，当看到有人掉进河里时，即使在想救人的超强动机下跳水奋力营救，成功的可能性也很微小（如图 17 左边的情况）。另外一种行动普遍失败的情况，是动机很弱，处于能力和挑战三角区域的内侧——在缺乏动机的情况下，哪怕能力很强也难以成功行动，比如让一个不喜欢看书的人朗读一本书的第一段，虽然他肯定有能力读出来，但也会极不情愿，尤其是在被强迫的情况下（如图 17 右边的情况）。

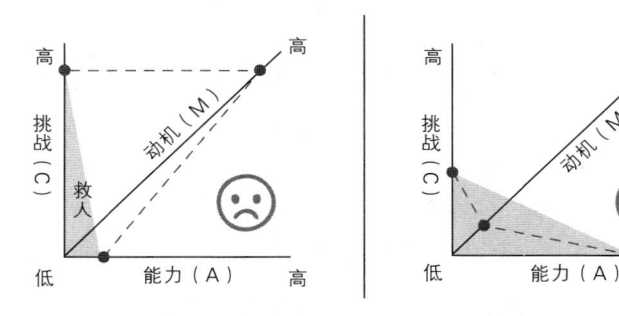

图 17　AMC 行动诊断模型——行动失败的情况

还有一种"不一定"的情况：当挑战和能力差不多，但动机极强时，这个行动既有可能做到也有可能做不到。还是拿救人举例，当看到一个孩子跑到马路中央快被车撞到时，哪怕你不是刘翔也有可能超常发挥冲上去把孩子救了。当然，如果动机弱，则肯定失败。

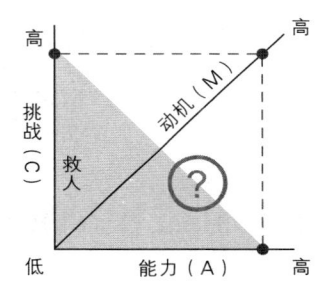

图 18　AMC 行动诊断模型——"不一定"的情况

AMC 行动诊断模型能帮助我们分析导致无法持续一个关键行动的障碍要素：一个人就算自身能力很强，要做的事也没那么难，如果缺乏动机，通常他也不会去主动行动。另外一个阻碍关键行动的要点是能力和挑战不匹配。

- 如果挑战过高，人会因感受到巨大的压力而退缩，这时候指望靠超强动机救场的可能性微乎其微。

- 如果挑战比能力低太多，人会觉得无聊，自然也没动力做一件没意思的事，当然这种事通常也对促进成长没什么用。

- 如果动机很弱又想做一件事，那就只能把挑战的难度调整到最低，低到几乎无须付出就可以完成的程度，比如实在无法专注地读完某本书，那就刷刷读书博主总结的要点吧，尽管这只是一种自欺欺人的"成长"。

所以分析一个关键行动的障碍，就是分析能力（A）、动机（M）、挑战（C）中哪个处于失衡状态，其中动机的强度是关键。而对促进成长效果最佳的——按照心流理论——**是那种挑战比能力高一点，同时主要由内源性动机驱动的行动**，这种行动最具可持续性，也最有即时反馈的乐趣，能让我们在伸展圈的适度压力下充分享受到复利效应。

主动为自己注入动机

那么强有力的动机又从何而来呢？我认为是从感受到一项活动给自己带来益处而来的。

就算你是一个意志力强、信念坚定的人，如果做一件事的益处都是靠想象来支撑，哪怕能坚持一段时间也必定痛苦不堪。不做就感受不到益处，感受不到益处就没动力开始做。"这不就是鸡和蛋的问题吗？"你或许会这么问。事实上这是一个从什么角度去看的问题。你在周末早晨赖在床上，想让你起床的爸妈认为早起有益处，赖床是对生命的浪费，而你觉得要离开温暖的被窝才是巨大的牺牲和损失，这就是角度不同。设置行动目标时我们通常处于理性认知下，自然会认为做这件事是对自己有长久好处的。一旦真开始做了，遇到一点障碍和挫折，惯性认知就会占上风，然后我们内心会不自觉地感觉做这件事是在牺牲，运动是在牺牲和朋友玩的时间，看书是在牺牲看电视的时间……感受到的全是损失，没有好处，这就是缺乏动机的真相。

缺乏动机很普遍，但我们也要知道另一个真相：学霸和那些行业高手们之所以都是动机很强的行动派，恰恰因为他们看一件事的角度和大多数人相反。这群人会觉得早起是比其他人多享受了一次日出，看书是在和其他人拉开认知差距，出门锻炼身体是为了使自己的状态比其他人更好……有的人深夜从实验室回来时心情舒畅，因为他们知道多数人将这段时间都荒废在喝酒、聊天、刷手机上——时刻感知到自己在受益，还有比这个更爽的吗？

其实一些原本真令人讨厌的事，也有机会让人产生动力。

大学的某一个暑假，我去了一家广告公司做设计师赚生活费。一天，主管将一个制药厂广告部的客户带到我的座位前，说他们这一季度的广告创意由我出，主管交代了几句就走了，然后我注意到周围同事那种似是而非的表情。后来我才知道，这个客户非常难缠，换了两名设计师都说不满意，公司也不太想接了，所以干脆转给我这个菜鸟，等于变相拒绝。这个客户是一个四十多岁的女士，脾气确实很差，一会儿要"五彩斑斓的灰"，一会儿要"泛着微光的白"，正当我的耐性也快耗尽时，她接了个电话，突然像变了个人一样既温柔又有条理，原来她是在劝慰她正在住院的研究生儿子。

我随口问了几句她儿子的病情，这位女士突然开始滔滔不绝起来，讲孩子，讲工作，讲各种烦心事。我笑着说，"您的情绪控制得真好呀，在这么大的压力下也没让孩子感觉到，就像咱们这药一样，给患者可靠、安心的印象。"她笑了，说那怎么表现出这种可靠、安心呢，要不你拿主意吧。这单居然被一个菜鸟拿下了！过后我意识到，其实和客户一起聊天讨论创意的过程是很有乐趣的，也能训练自己的沟通分寸。暑假结束时，我竟然还对这份兼职有点恋恋不舍。事后我也反思了一下，如果当时没有转换动机，一直想着什么时候才能定稿，那上班就只剩下痛苦了。

从一开始的没有动机转变到有动机、从外源性动机转变到以内源性动机为主，这都是可能的，只要我们在做一件事时主动去寻找对自己的益处——尤其在没有选择的时候。

作为成年人，我们做一件事不仅要知道自己为什么失败，也要知道为什么成功。AMC行动诊断模型就是这样一个工具。当你工作或生活进展不顺利时，可以拿出它来看看，到底是能力、动机、挑战三者中哪一个失衡了，然后做出调整；在进展顺利时也要评估一下，自己是因为哪个要素受益最多，以后在开展其他行动目标时便能参考过去的成功经验。提炼关键行动并分析它，是为了让自己始终清楚在做什么，这样才能将认知能量聚集在手头的事上，保证内心秩序井井有条，尽量不在意识空间里给熵生成的机会。

如果你在执行关键行动时觉得遇到障碍，请用AMC行动诊断模型对三个要素做一次分析吧。扫码获得【6. AMC行动诊断模型】，你可以在需要分析自己的行动障碍时拿出来用。

我在开展关键行动时的主要障碍来自：_____。

☐ 能力（A）_____

☐ 动机（M）_____

☐ 挑战（C）_____

践行第五步：通过行动链实现熵减生活

熵减行动链的涟漪效应

熵减践行的最终目的，是通过先启动一件能聚集认知能量、有成长性的事，以它作为起点，润物细无声地将熵减渗透到生活中其他的方面，全方位从混乱无序的内耗逐渐走向井然有序的心流。

从一个好的起点开始再串联起一系列好的行动，逐渐将整个生活带入一个正向循环，我称之为**熵减行动链的涟漪效应**。一个陷入平衡态的生活就像一池不流动的湖水，毫无波澜的湖面下积压着大量污垢，不断消耗着这池水的生命力。我们正在进行的这件事就像一块石头，把它扔向平静的湖水后，泛起的水波纹会扩散至很远的地方，吸引来更多的生物参与生态修复。但涟漪效应到底带来的是什么，一开始扔下的石头决定了一切。

当我们特别享受做一件成长性的事时，恨不得把所有时间和注意力都放在上面，无暇分心关注其他无关的事，当有干扰时也会主动去屏蔽掉，于是从自身到环境的熵都会大幅降低；当然，如果特别享受一件对成长有害的事，涟漪效应也一样会产生，最后就是蜷缩在舒适圈底部的那个懒人沙发上再也起不来。

那么行动链又是怎么串起来的呢？举个不太恰当的例子，这就像一个人得到了一条优雅贵重的领带，为了配得上这条领带他计划赚钱买同档次的西服、皮鞋、衬衣，而在攒这套行头的过程中他注意到了自己长期不管理的身材已经走样到离谱，于是报名了健身课和高尔夫课。最后他买下了想要的衣服，以最好的身体状态穿上它，并收获了一批自律优秀的新朋友。这么说好像很虚（大部分人可能会将领带直接上架"闲鱼"卖掉），那还是拿我自己举例吧。

我在写这本书之前其实处于一个半躺平状态，旅居在大理太舒服了，没有压力也没有刺激，但自己很明显还是不开心，或者说没什么活力。这种处于平衡态的生活终于在动手写这本书开始被打破了——确切地说，变化的起点是在我埋头写了一周、感受到写作带来的巨大快感的那一刻。为了完成每天一小节的目标，我开始做出一系列生活上的调整，其中一件是为自己规划每天的三餐，不再是冰箱里有什么吃什么或者去外面吃。作为一个烹饪苦手，我一直有个顽固的观念，认为既然自己不喜欢也不擅长做饭，为什么每天又耗时又费力地亲手做？而事实证明其实只要规划好，给自己做一餐简单营养的便饭不仅最省时间、更加健康，甚至还非常有乐趣（以前的自己完全想象不到）。我的生活观念变得开放了，不再拒绝那些能提升生活质量的改变。

随之带来改变的是自己的信息流、人际流和环境流。

我休息时不再刷新闻 App 打发时间，只读与写作任务有关的、能够增进认知的书，或者选择彻底休息。同时，在写作时我将微信状态设置为"沉迷学习"，并告诉身边最亲近的几个朋友，如果我在这个状态，则无法及时回复他们的信息。很快，我的信息熵便大幅降低。这些朋友也不再拉我去参加纯玩乐的活动（真的很感激他们给予我的尊重和理解），而会精选身边高认知的人介绍给我，虽然我的社交频率降低了，但质量显著提高，人际熵也随之降低。最后，为了每天能顺手地开展写作，我把房子里的所有物品重新做了规划，半年里确定不会用到的东西全部扔掉或送人，可用可不用的东西收纳起来。无论是在工作区还是休息区，手边都是肯定会用到的物品，没有一件需要让我想一想"这个应该放哪里"，于是环境熵也控制住了。

图19是我的行动链和相应的涟漪效应。你可以扫码获得一张空白的【7.熵减行动链导图】，评估自己在开展关键行动后，在生活的其他方面是否产生了熵增或熵减的涟漪效应。

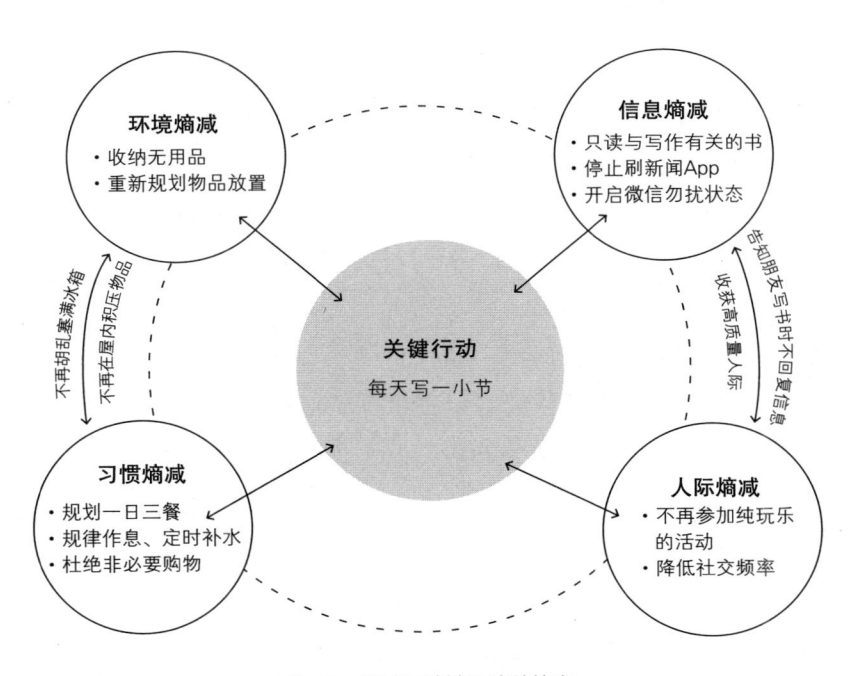

环境熵减
- 收纳无用品
- 重新规划物品放置

信息熵减
- 只读与写作有关的书
- 停止刷新闻App
- 开启微信勿扰状态

关键行动
每天写一小节

习惯熵减
- 规划一日三餐
- 规律作息、定时补水
- 杜绝非必要购物

人际熵减
- 不再参加纯玩乐的活动
- 降低社交频率

不再胡乱塞满冰箱
不再在屋内积压物品
告知朋友写书时不回复信息
收获高质量人际

图19 熵减行动链及涟漪效应

熵减的起点来自一个初心

这一系列熵减的成果，就源于一个起点——我想尽情享受写作，以至于吝啬到不愿意分配认知能量到任何和这个初心无关的事务上。即便如此，身边真正值得交的朋友还都在，而且更亲密了。更让我高兴的是——他们中的一些也开始寻找能投入自己认知能量的行动目标，加入了熵减践行的行列。

读到这里相信你也早明白了：找到一件值得做的事行动起来，这是表象的目标，它真正的意义是通过扔出这块石头激活人生各个环节的积极反馈——这个效果会自然地发生，我们不需要费力和刻意地去构建自己的行动链，只需要借力和借势。找到能让自己沉浸于过程中的事是非常幸运的，因为这意味着你有机会成为一名终身成长者。我也曾几次问过自己："如果这本书最终不能出版了，那还写吗？"内心的声音是："写啊！这么爽的事干吗要停下来？"——当下的我太幸运了，希望正在读这本书的你也是。

我们每个人都有机会成为一名以长期学习代替临时学习、以过程导向代替结果导向的终身成长者。只要能在生活中一直秉持开放性、非平衡态、非线性的原则做大部分的事，无论是否产出轰轰烈烈的成果，我们都会在过程中得到一项最宝贵的回报——对人生的掌控感。充满掌控感意味着越来越确定自己想要什么、不想要什么，并为之付出行动，充满信心地定义自己是谁。在前面的章节，我们一步步实践了认知熵减的每个步骤，从打扫情绪熵、评估优势特质和动机、选出值得做的事、诊断行动阻碍要素，到将其扩展到覆盖生活各方面的行动链。

本章最后，你可以扫码获得【8.熵减践行的总框架】，在需要时随时翻看。

上篇到此结束。

在接下来的中篇，让我们一起把视线转向充满内耗的现实，将熵减理念运用到那些令人烦恼的困境中。

中篇

勇敢应对内耗的
现实世界

︙

"世界越来越复杂,用简单不能对抗复杂,唯有用复杂才能对抗复杂,又或极其简单的人不仅能对抗复杂,且能与复杂共生。"

——达达(当年青年诗人)

第四章

都市时代病的熵减指南

你将从本章了解到

四大都市时代病：拖延症、强迫症、手机成瘾症、选择困难症

为什么我们会在生活工作中习惯性拖延

为什么我们无法放下一些强迫性的习惯

为什么明知过度依赖手机不好就是改不掉

为什么面对的选择越多越会有压力

如何有效应对这些时代病

拖延症：一辆同时踩着油门和脚刹的车

从中篇开始，我们就要带着熵减思维打量现实中的问题啦。本章先一起来看看最容易带来内耗的四大时代病：**拖延症、强迫症、手机成瘾症、选择困难症。**

如果把拖延症（Procrastination）列于四大都市时代病之首，估计不会有太多人反对。看看我们身边有多少"拖延症互助小组""战拖协会"，就知道有这种烦恼的人绝对不在少数。

拖延症在我们的生活中太普遍了：起个床内心像经历了一场大战，不挣扎到最后一秒都无法跨出被窝；买了一堆书想趁假期充实自己，却迟迟无法翻开第一页；期末论文布置下来，明明有整个学期的时间写却非要拖到最后三天……拖延症是**非理性的推迟行为**，明知道一件事拖着对自己不好、再拖也不得不做，但就是没办法一咬牙赶紧做起来。

拖延症不是懒

面对一次次的习惯性拖延，很多人归结于自己"懒癌发作"，这还真是个误解。一个人出于懒拖着一件事不做，这不是拖延症，因为"懒"

是一种心安理得的状态,被催促了就会觉得很烦,但不会有明显的焦虑感——这虽然不好,但内心是自洽的。真正的拖延症一定在拖延的同时经受着焦虑的煎熬,他们的内心不是缺乏动力也不是只有阻力,而是动力和阻力在同时存在并对抗,就像德裔社会心理学家卡伦·霍尼(Karen Horney)说的"好比是踩着刹车又想驱车前行"——只听到轮胎在原地疯狂空转,车子没往前挪一毫米,油却耗尽了。内心一直在做无用功的结果就是外表看起来毫无动弹,意识却已经被熵压瘫痪了。所以,如果你想知道自己是懒还是拖延症,通过有没有感受到焦虑来判断就行了。我们要认真对待的也是会引起焦虑的非理性拖延,那些朋友间互相调侃的"自嘲拖"和为了获得更好结果的理性拖延不在讨论范围内。

之所以要强调拖延症和懒惰的区别,是因为越常挂在嘴边的问题越不被重视。你说你因为习惯性拖延症感到焦虑,周围人要么笑笑要么说你无病呻吟,"这不就是懒嘛"。确实,医学诊断上也没有"拖延症"这个名词。事实上,很多严重拖延者的精神痛苦程度并不亚于焦虑症患者,但因为连自己都不当回事,最后真的发展成神经性焦虑症的例子也不罕见。所以,请重视起来。

说到焦虑,你还记得这种情绪是什么指向性吗?对,它指向的是未来,我们所拖延的也都是还没发生但必定会发生的事。下一个问题便是:为什么会拖延?《战拖行动》的作者、加拿大卡尔加里大学教授皮尔斯·斯蒂尔(Piers Steel)列举了三个产生拖延动机的因素:期望、价值、时间。简单说,就是一个人对出现好结果越不抱希望(低期望)、越讨厌这件事(低价值),以及截止日期越遥远(可推迟时间),那么马上做这件事的动力就会越弱。说白了,拖延就是动力和阻力势均力敌,而动力始终无法超过阻力。应对拖延症要么是提升动力,要么是降低阻力，这两种策略对应的事务类型是不同的。下面通过 AMC 行动诊断模型，将拖延的事分成两类情况分别分析。

- 第一类：能力明确大于挑战的事。

- 第二类：挑战大于能力，或和能力相当的事。

应对高能力、低挑战的拖延

第一类情况的典型代表，就是起床和睡眠拖延。早上被闹钟叫醒，还是想在被窝里多待一会儿，即使已经睡不着了也不愿意起来。忙了一天很累，眼睛都快睁不开了还是死死盯着手机，哪怕已经没什么好刷的了，就是不想关灯睡觉……说的是不是你？

立刻起床和马上睡觉，很显然，单纯看能力，都是想做就能做到的，那么问题就出在动机强度——它实在太低了啊！明明翻个身就能起床、关下灯就能睡觉，为什么百般不情愿？很简单：因为大脑认定了做这些行为是"损失"，拖延是为了推迟损失的兑现。

损失了什么呢？回忆一下不想起床时的内心旁白都是些啥："被窝这么舒服不想起啊！待会不迟到就行了""一起来就要开始忙，想起来就烦……先多舒服一会！"……马上起床损失的就是"舒服"，再加上起床后通常做的都不是很情愿的事，凭什么要牺牲眼前的舒服？

不想睡觉时则是另一套旁白："上班做了一天不喜欢的事，刚才还陪他看那么无聊的电影，我必须得补回来！"……晚睡属于强迫式的拖延，

143

它是对现实中失去掌控感的报复性反弹——身不由己一天了，怎么都得自己做回主吧？马上睡觉损失的是稀缺的"自主"，于是那些以自己的能力可以选择做不做、怎么做的事，便成了彰显主权的高光时刻，比如选择熬夜。

拖延起床和睡觉真的让我们感觉更好吗？内心那上蹿下跳的焦虑就说明了一切。这些分分钟可以做到的事会让人特别容易丧失警惕感，我们的肉身会对焦虑选择性忽视，"骗"自己拖延是为自己好——这就给了惯性认知一个绝好的接手机会：那就别耗费能量想这么多了，下次帮你自动拖延不就行啦。"骗"的次数多了就被强化成一个个路径依赖，正如提出这个理论的社会学家道格拉斯·诺斯所说：当我们认为自己从中获得了益处（延长了舒服和掌控感）时，便不会再让自己轻易走出去。

还记得第二章中提到过的熵减第一条件：认知的开放性吗？总是固执地将某件事视为损失就是固化型思维的体现，因此会在回避损失的惯性拖延中被熵乘虚而入。如果你暂时还是固化型思维倾向，请把这次的"战拖"作为一次难得的转换思维模式的机会。

拖延的路径依赖很顽固，但相对来说，这种能力远大于挑战的拖延事务是最容易扭转的。有些人为了让自己改掉赖床和熬夜的习惯，会采取一些有惩罚性的措施，比如将开了闹钟的手机放在手够不到的位置，第二天逼迫自己从被窝里出来去关，或者睡前把手机放得远远的强迫自己不去碰。这些措施考验的都是意志力——顺便说一句，意志力真的不好用，任何以强迫为本的改变只能制造厌恶感。讨厌熬夜不见得就能对早睡有好感，最后只是更讨厌那个没有意志力的自己，即使人在短期内能通过负面刺激做出改变，长期都会因损失厌恶干脆彻底回避改变。

要回到正向激励，我们得借力于一些认知行为理论，**将原本的"损失认知"转换为"收益认知"来提升动力**。也就是说，与其听着焦虑大声喊"不起床、不睡觉才是损失"，不如自己承认"起床、睡觉才有收益"，让在牺牲变成在获得，自然提升行动动机。认知转换本质上是转换看事情的视角（对于成长型思维的开放者来说不是难事），这时候就必须祭出如雷贯耳的**认知失调**[1]理论了。

能力远大于挑战：起床和睡眠拖延

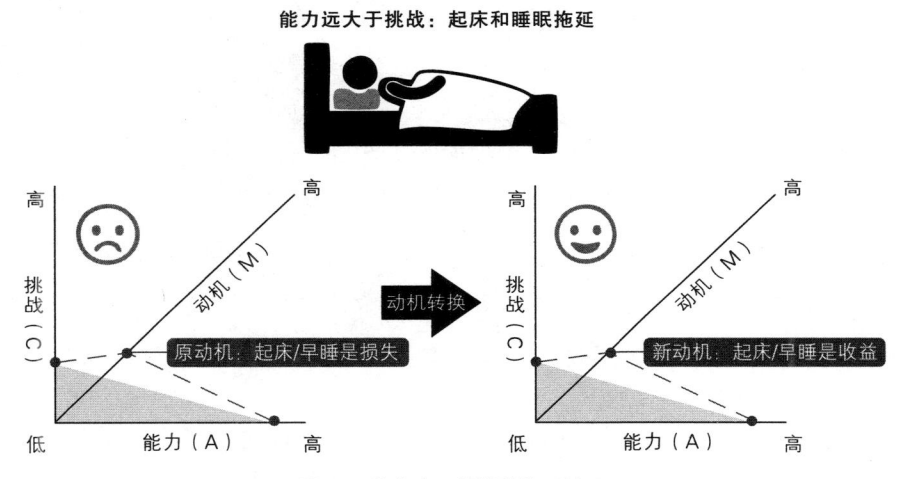

图20 能力大于挑战的拖延情况

该理论认为人在心里不舒服的情况下必须找一个方式让自己舒服——拿提出该理论的利昂·费斯廷格（Leon Festinger）的话来说，人类内心的和谐来自"对这个世界的看法与自己的所知所为保持一致"。如果个体察觉到认知和行为不兼容，便会本能地选择最容易调整的要素来

---

[1] 认知失调（Cognitive Dissonance）指的是当人产生矛盾的认知时，会因感觉到不一致或接收到互相对立的信息时而产生的心理不适感。这些信息包括人的行为、情绪、想法、信念、价值观、信仰、外界环境中的事物等。认知失调通常体现为因进行与自己的思想、价值或自我概念相悖的行为而产生的心理压力或焦虑。根据认知失调理论，为了缓解这种压力与不适，人会努力更改矛盾的认知，使其调和一致。

与其他要素同步。比如，一个天天熬夜不想睡的人，本身对熬夜就有焦虑，当他读到一篇报道，称研究表明，长期熬夜会对人的大脑认知水平造成不可逆的危害时，他要么改变行为与认知一致（"算了，那就早点睡吧"），要么为熬夜做合理性辩护（"白天太憋屈了，除了熬夜喘口气没得选啊"）以保持行为不变——很显然，多数人会选后一种方式，因为最容易啊！

既然人性喜欢容易，那我们就让起床和睡觉变得更容易、最好还有点诱惑力。这里有个具体做法。

首先，当赖床和熬夜冒出想舒服、要自由的念头时，先掐断它，然后想想马上起床和睡觉能得到什么。比如我会想到马上可以为自己煮杯香气四溢的咖啡，熬夜时会想到某次一有睡意马上倒向枕头的特别舒服的深度睡眠体验。将起床和睡觉变成一种充满诱惑的动力，需要发挥想象的力量，当然这种诱惑要自己真的体验过才有信服力。

然后我们继续发挥想象力：当想起床或想睡觉却动不了时，在脑海中想象自己开始做每一个动作，这能帮助我们大大提升真的做这些动作时的心理动力。这种想象越具体、越细节越好，比如起床这套动作，先在脑海里预演自己移动四肢，比如用手臂撑起身体、将腿移出被子坐在床边（但没有拿起手机解锁！如果你有这个习惯的话），然后站起来走向放衣物的地方，套上衣服，转身去洗手间，打开水龙头等热水出来前，挤上牙膏开始刷牙……直至站在咖啡机前闻着弥散到客厅的香味。

在花几秒钟快速想象一轮后，你会惊讶地发现自己居然真的开始动起来了，毫不费力地起床了！原因就是当我们脑中已经做完了一系列动作，而身体没有真的去执行时，就会有一种不适的感觉——按照认知失调理论，我们必须调整自己的行动，来与认知里已经通过的想法保持一致。在多次这么做以后，大脑就接受了新的行为模式，原本那个顽固路径依赖会随之改变，一个新的正向路径依赖开始形成。

直接以行动改变认知，比指望让自己想明白要有效得多。所以别多想，先做，让你的认知来适应行动。

还有一个小技巧可以同步使用。早上醒来时，刻意加快睁眼的速度让自己快速清醒，然后在脑子一幕幕回放时迅速跟上节奏，离开床穿好衣服。晚上睡觉时也一样，先闭上眼睛，然后把注意力放在自己的呼吸上，手轻轻搭在胸腔或腹部，感受自己的身体跟随着呼吸的律动。也许有人会觉得一开始就这么一步到位，好难啊！能不能从简单的慢慢来，比如从原先赖床20分钟变成15分钟，再缩短到10分钟、5分钟……对不起，如果你有这样的想法，说明还是没把"损失认知"转化为"受益认知"（如果一早去和喜欢的人约会，你还赖床，算我输），请重新认真思考到底起床和睡觉对你有什么好处。

应对高挑战、长时间跨度的拖延

第一类情况并不算棘手，因为能力够、时间短，只要把思维角度变一变，行动上再推自己一把，就能感受到改变了。真正棘手的是第二类拖延情况：面对的是挑战大于能力且不是马上有结果的事——这就给了拖延充足的酝酿发酵空间。这类拖延比第一类要更复杂和困难，通常会让人感觉做不好、做不到或不想做。比如写论文、考研、读书、打扫全屋、节食健身这样的事，只要最后期限离现在还早或没有强制的截止日期，就会在一拖再拖中永远起不了那个头。

第二类拖延除了有上面说的损失感（比如考研会牺牲社交、节食健身会牺牲美食），还有对收益的不确定性，因为想象中的好处都发生在很久之后，而痛苦就在眼前。

拿考研来说。很多"考研党"起初都斗志昂扬，做了计划买了参考书，一边做真题一边上网课，一段时间后却越来越想拖，最终到距离考试两三个月才真正开始备考。这种现象用一个行为经济学上的**前景理论**[2]来解释，就是等待回报的时间越长，一个人能感知到这个回报的价值就越低。由于考研这件事要明年下半年才会发生，能否成功这个结果更是要到后年春节之后才能得知，对于今年就开始备考的人来说整个战线实在太长了，结果就是——"好好备考才能收获考研成功的巨大喜悦"这种反复想象的回报在头3个月后吸引力就日渐降低。然后到第4个月，随着备考越来越深入，做的题越来越难，想象中考研成功后的喜悦也就那样，而想逃离这种痛苦感的欲望越来越有诱惑力，这时候只要再对自己来次灵魂拷问——"我到底能不能考上呢？"基本就已经打开拖延模式了。

为什么呢？因为备考的预期价值一路降低、痛苦感一路上升，压倒内心动力的最后一根稻草，就是失败的可能性有多大。你要不要猜猜看：能把人逼成退堂鼓专家的概率有多大？前景理论告诉我们，在战线拉得太长的情况下，只要10%！——如果这个人觉得自己有十分之一的

---

2 前景理论（Prospect Theory）是一个经典行为经济学理论，由行为心理学家、2002年诺贝尔经济学奖获得者、《思考：快与慢》的作者丹尼尔·卡尼曼和阿莫斯·特沃斯基在20世纪70年代联合提出。这个理论的假设之一是，每个人基于初始状况的不同，对风险会有不同的态度。

可能性在一年后一无所获（没考上研，也没有工作），即使不放弃也会倾向于拖、拖、拖，延迟投入到这件越想越有恐惧感的事情上。复习备考是高强度的脑力活动，在避开痛苦的本能驱动下，人的思绪就开始飘散，看到桌上有零食马上拆开一包，想到晚上要和同学吃饭马上打开手机搜餐厅，做会儿题很快又难受了，干脆清一下微信上的小红点，直到晚上吃饭时书还停留在同一页。

这就是在面对一件挑战大于能力、战线拉得很长的事时一名拖延者的日常。解决的办法也是针对事务特性着手：**降低挑战、缩短战线、简化准备**，尽量消解行动阻力。具体做法有两个。

- **拆分任务、弱化恐惧**。将一个大任务拆分成小任务、将一个大截止日拆分成多个小截止日。如果你原先计划里的任务是"每天上午看书，下午做真题"，而执行时经常冒出"行不行啊""能考上吗"这些杂七杂八的念头，说明你感觉自己掌控不了。那就学下雷军，把时间按小时为单位划分，将任务拆分为："每天上午8—10点看政治、外语考研书各一节，10—11点看基础课考研书一节，11—12点看专业课考研书一节；下午1—4点做一套真题并搞清所有错误点，5—6点复习全天内容并做好次日计划"，一直细分到你觉得自己有信心能控制每个最小单位任务为止。相应地，"好好备考"也不再是战线拉满一年直到考完才算完成的目标，配合拆分过的任务进度设立一个个阶段性的小目标，比如"本周末复盘两章"。那种不知道什么时候是个头的恐惧感便弱化了。

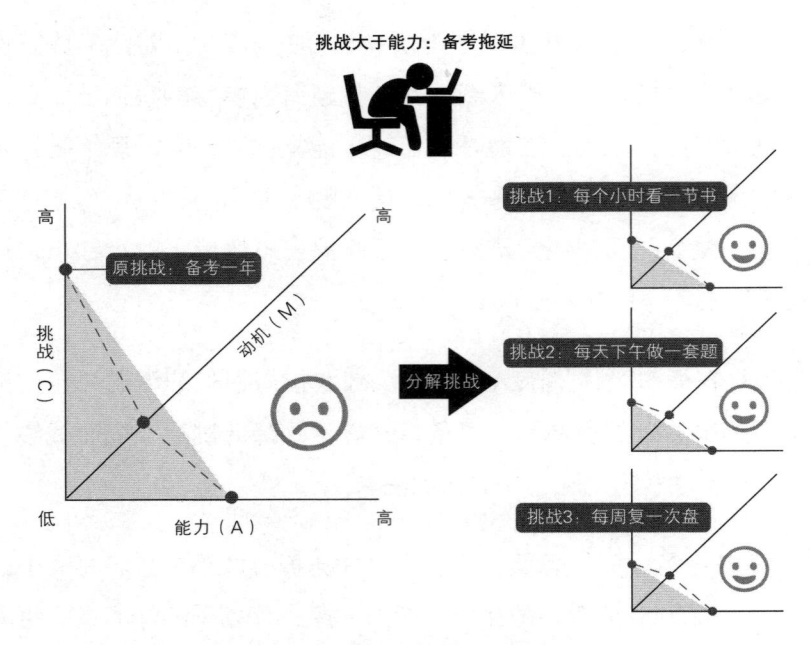

图 21　挑战大于能力的拖延情况

- **降低阻力，移除借口。** 在此基础上，另一个重要原则是让自己随时能"开始做"。当我们面对一件心里没底的事时，经常出现的一个现象就是如临大敌般要做好万全准备才开始。但准备工作做得越详尽、步骤越多，开始的动力就越低，因为我们总会告诉自己还没准备好——这其实是另一种隐性的逃避，为拖延找合理性借口。降低这种行动阻力，便要让自己无论何时何地都能马上进入任务。比如，我写这本书时并不限制自己必须在书房里整整齐齐地码好所有参考书、手边放好笔记本和笔才能打开电脑开始写。而是在书房放一台处于休眠状态但永不关机的台式机和正在用的几本参考书，客厅放一台笔记本电脑和含有所有参考书电子版的 Kindle，然后自己的笔记全部写在手机上云同步随身带着，这样就能保证无论是身处客厅还是书房，只要一有灵感马上就能开始写，不需要有什么准备工作。当我们在做一件长期的事情时，让自己时刻保持在能进入任务的状态，便会大幅减少拖延的借口。

这两个方法尤其对那些截止日期不明确的事情（比如长期健身），或者察觉到自己老因为怕做不好而不敢行动的事情（比如准备一次辩论赛）有效。这类任务有的甚至会持续一生，所以必须通过分解目标和简化步骤来改造任务。当我们的掌控感提升后，就不至于因为区区10%失败的可能性而无限拖延。

三个辅助的战拖技巧

还有三个提升动力的小技巧可以使战拖效果更显著。

- **转换动机的内涵，将这个任务与自己真正有内源激励作用的目标联系在一起。**比如我经常会拖延彻底打扫屋子的计划，除非有客人来才会临时大扫除一番，但由于我很爱自己的猫，于是便把打扫屋子这个任务重新定义为"为它提供一个总是清洁、舒适又温暖的家（毕竟猫的大半辈子都在这么一个有限的空间里）"。顺便说一句，即使一个人在屋内什么都不碰，这个屋子也会越来越脏乱，这就是熵增定律，而屋子里面有只猫，更会加速熵增，只有能心甘情愿为了它主动做功，才会收获一个比一个人生活时熵值更低的环境。

- **越是长期的任务，越要给自己设置一个有长期奖励的正回馈。**拖延者通常也都有一个问题，要么在回避痛苦时选择即时满足的奖励（比如喝奶茶、刷抖音），要么完全不给自己奖励。对于挑战高、时间长的任务，最适合给自己的是那种和任务进程同步的延迟满足型奖励。我有一次写论文期间正好Switch在香港上市，特别想用它玩朝思暮想的《塞尔达传说：旷野之息》，但知道没时间，于是准备了一个透明的存钱罐，每天完成当日阶段性目标就往里放20港币（为此我还特意去银行换了一堆十元硬币），计划3个月后写完提交的同时就去专卖店拿下它。存钱罐看起来又傻又土，但这种看得见的奖励作用却不容小窥，它能将拖延症常见的习得性无助变为习得性激励。最后我成功得到了这台奖励自己的Switch，虽然不是真的抱着这一堆硬币去买的。

- 第三个技巧和第二个有关联，就是**在已经习惯奖励的时候给自己制造点难受**。在你推进一个分解任务（比如背单词）快到70%进度的时候，可以放下它去做其他的任务。然后你发现自己会时不时见缝插针，像小时候趁爸妈出门赶紧玩几把游戏一样，抓住点计划外时间就赶紧背几轮剩下的单词，最后在其他任务没落下的同时把剩下30%的背单词进度也超额完成了——这时候哪怕不再给这部分进度分配奖励都没关系了。这个技巧的原理来自**契可尼效应**[3]：人对已经开始但没画下句号的任务格外难受，尤其那些已经建立了良好感觉、完成了大半的事情，被中断时就像有根刺卡在心头，一定要把它拔掉才会舒畅。

拖延症是持久战，关键在于扭转造成拖延的原路径依赖，通过时间的力量建立起新路径依赖。上面说到的方法都亲测有效，请选适合你的试一下吧！

---

3 契可尼效应（Zeigarnik Effect）是由心理学家布鲁玛·契可尼（Bluma Zeigarnik）提出并通过多个试验证明的记忆现象。它指的是一般人对已完成的、已有结果的事情极易忘怀，而对中断了的、尚未完成的、未达目标的事情却总是记忆犹新。

强迫症：停不下来的消灭小红点之战

现在看一个和拖延症正好相反的都市病：凡事必须马上做才能舒坦的强迫症。

提到强迫症（Obsessive-Compulsive Disorder，OCD），我们脑子里立刻会出现电影里那些不停洗手的病态画面，觉得自己完全不是这样的人啊。其实在快节奏的现代社会，很多人多少有一些属于自己的有强迫倾向的小习惯，比如不管多难看的片都会从头看到底绝不烂尾，刚出门一定要回去看看煤气关了没有，网购了明知道没那么快到还是会一天好几次刷新物流信息……再比如我自己，有时候上楼梯只要左腿跨了两层阶梯右腿一定也要跨两层，否则就会不舒服。

不是每种固执都是强迫症

强迫症的标签也不是想贴就能贴的。究竟一个习惯算不算有强迫性，有个核心判断标准：自身和这个强迫行为之间有没有对抗。就拿刷物流信息来说，如果一个人一方面内心深处知道没必要老盯着，一方面又像着了魔一样，"不刷新物流就不会有进展"的感觉不停在心头盘旋，这种忍不住刷刷刷的习惯就属于有强迫性。如果换另一个人，虽然他也老是盯着物流信息但心安理得，没觉得自己这样是不对的，那就没有强迫性（比如一个习惯时刻掌握多件商品发货进度的淘宝买家）。和上面的拖延症与懒惰的差异一样，即使同样的行为，只要内心没有对抗式的冲突，也没有产生自责、不安、烦躁这些在心头抓挠的不良感觉，就不是什么问题。

对于大部分轻量级的强迫性习惯，比如刚出门就想回去检查一下门窗、睡觉前一定要把拖鞋摆放得整整齐齐之类，只要我们本人觉得对生活没太大影响就不用去管。但如果人都到公司了还得拼命压制想立刻打车回家检查的冲动，同时内心又不断谴责自己有毛病的话，那还是调整一下为好，因为这些内心的对抗会一直占用着认知系统，早晚宕机。

我们的认知系统就像一台多任务运行的电脑，可以同时打开播放器放着电影、运行着Photoshop和Word，旁边再开着个网页买东西。你想专心看电影就把播放器窗口全屏化，想休息一下就把Photoshop和Word窗口最小化，想去做点别的就让电脑进入休眠状态显示黑屏。如果这台电脑感染了强迫症那就麻烦了：某个程序不知为什么开启了前置模式，你不得不一直盯着这个最前面的窗口，它无法最小化也无法关掉。不干活了离开干点别的吧，但只要一回到屏幕前看到的又是这个窗口，认知能量始终被它占据着，想跑都跑不掉，只能任由不断产生的熵消耗自己。

要把这个被感染的程序强制关掉，传统上有两种常用的行为疗法：**厌恶疗法和暴露疗法**。

厌恶疗法是利用条件反射原理（还记得巴普洛夫的狗吗），在强迫行为一发生就给一个惩罚性的刺激，通过大脑建立两者之间的强联系来消退这种行为对人的吸引力，比如出门后门把手就通了电，再想进门一握把手就给个电击，让人以后一产生想回去检查的念头就同时产生对电击的恐惧。这种基于恐惧反应的疗法把人视为动物或机器，不道德，而且不治本，已经被现代行为学派抛弃。虽然少数治疗师在针对某些严重成瘾行为时还会用，但早已不被主流推荐了。

相对激进的厌恶疗法，暴露疗法就缓和得多，它通过阻断强迫念头发生时的惯性行为来产生效果。比如想洗手想到心生焦躁时，禁止这个人用自己习惯的方法，也就是不停洗手来缓解焦躁。这时候不但不能洗手还要触摸脏东西，摸完就待在原地，等这种针扎式的焦躁到达顶峰后自行消退下去。反复多次后，强迫念头和强迫行为的关联就弱化了。暴露疗法的原理是越怕什么就越给什么，然后通过禁止习惯行为帮助人对强迫源脱敏，这有点像我们写的情绪日记——只要能经常直面和表达不良感受，它就没以前那么容易伤害到我们。

上面两种行为疗法通常针对的是严重强迫症（持有根深蒂固的偏执认知，而且会无止境地用行为强化这种认知），前一种已经堆在历史的垃圾堆里，而后一种暴露疗法则比较靠谱，也是美国心理学会（APA）在《强迫症治疗实用指南》中推荐的治疗方法之一，但需要在专业医师指导下进行。

对于有轻度强迫倾向的人（认知上接受自己的念头是不理性的，只是行为上控制不了），在日常生活中更值得一试的是源自西方神经症疗法、经过东方智慧改良后的**森田疗法**[4]。森田疗法可以说是一种更舒缓自

---

4 森田疗法（Morita Therapy）是日本已故精神医学家森田正马于1919年创立的，目前被公认为对治疗轻度神经质症，尤其是强迫症、焦虑症等有较好的疗效。该疗法的核心理念是：顺其自然，为所当为，通过现实生活中获得新的积极体验让人自然而然地不再把注意力放在强迫体验上，以此断了这个症状发展的动力。

然的东方式暴露疗法，尤其适合我们中国人。它的思路非常简单：当强迫性的洗手念头出现时，把它晾在一边，自己该干吗干吗，可以去洗手也可以去拆快递、泡茶喝——也就是"带着症状去生活"。当感知到症状时，只要别如临大敌老去想着它、不特意调用认知能量去对付它，一段时间后就会发现症状不知不觉消失了。从森田疗法的视角看，我们的内心就像一面湖水，症状发作就像往湖面扔了块石头后掀起一波波涟漪，想让湖水重返平静，最好的做法就是什么都不做，任涟漪散去。这种"无为而无不为"的东方处事理念就是在阻断精神熵产生的源头——想太多又控制不了。

信息强迫症：向小红点宣战

森田疗法能解决的是那些人脑中产生的强迫动机，但它解决不了一种现实中最麻烦、对生活影响最大的强迫症——**信息强迫症**，也被称为信息焦虑症。

每次一打开手机焦虑就来了：App上那些未读信息的小红点和弹出通知真是个"伟大的发明"，不消除它们让我们不舒服，彻底关闭提示又让我们不安，越来越多人前赴后继地加入消灭小红点之战，一个个生生被逼成了信息强迫症的奴隶。为什么信息会有强迫性呢？我很喜欢的万维钢老师曾说过这么一段话：

以前社会名流聚会时喜欢攀比奢侈品，比如："你的包是在哪里买的呀？好用吗？""你的手表是什么牌子的呀？"现在更喜欢攀比谈资，谈的是自己知道但别人不知道的新闻，是自己对一些事物独到的看法。人们更在意你提供的信息的价值和带来的机会。

在过度竞争已成常态的今天，信息不仅是竞争力，还是人际交往的硬通货、自我认同的强化剂。生活在信息时代的我们最怕的是什么？怕错过对自己有用的信息，同时心里又清楚大部分信息是没用的，于是一次又一次地消灭小红点来安慰自己"我没有错过，我挑选过了"。——这种典型的强迫习惯，是让我们像水果忍者般频繁地点、点、点来缓解信息焦虑。

除了小红点，无目的地频繁开启锁屏也是一种典型症状。

10年前便有一项研究指出，美国本土的智能手机用户平均每天必须查看手机34次，有时频率更高，达每10分钟1次，哪怕手机什么通知也没有。赫尔辛基信息科技研究所（Helsinki Institute for Information Technology）的一项调研更显示：美国人看一次手机通常不会超过30秒，很多都只是打开屏幕锁或点开某个App，随便划两下就锁屏了——也就是说，这都是强迫性的路径依赖下的无意识行为，而不是因为有什么需要或目的。那么中国手机用户的信息强迫症有多严重呢？我想也不会好到哪里去。

既然信息强迫症的载体主要是手机，很显然，上面说的暴露疗法和森田疗法都不会有太大作用。因为这些小红点并不是我们的大脑制造的，既没法和它讲道理，也不能永远不看它。这还真是一个一直处于前置模式的窗口，我们就像《发条橙》中那个被厌恶疗法用夹子强行撑开眼皮的问题少年，被迫接收着永无止境的垃圾信息——其实更悲哀，因为我们的大脑实际上喜欢这些带来刺激感的垃圾，厌恶的只是自己不由自主的行为。

那怎么办呢？

我曾经也是信息强迫症的受害者，还挺重度的，时刻渴望新资讯，每天要把几个关注的新闻App的内容列表从头翻到尾，确认有没有漏掉什么值得阅读的东西。更早时刷微博、刷朋友圈，刚刷完一轮新的一轮又开始了，停都停不下来。如果发了篇文章就更离谱，几分钟看一下有没有评论，给别人留言后心里总惦记着回复了没有。在等待的过程中备受煎熬，除非那个小红点或者弹出通知一闪，心情又立刻明亮起来……那段时间我无法专注思考，只要一做事就走神，内心充满负罪感，我很快意识到了严重性——我成了被信息操纵的木偶！于是我停止刷微博（到现在也没再发过一条）、关闭信息通知、强迫自己不再看朋友圈，事实证明——虽然这些戒断措施我都可以做到，但注意力依然涣散，内心焦虑无处安放。

对抗信息强迫症耗费了我大量的时间、精力，一直没有稳定的效果，慢慢地我也就不那么执着了。接着当自己的研究项目开展起来后，每天大量读文献、跑模型、分析数据……我惊喜地发现在那期间我没有牵挂过那些小红点，不是因为意志力变强了，而是因为——忘了。再到现在写这本书，虽然手机一直在旁边，桌面版微信窗口也是打开状态，我却发现自己已经可以连续写作几个小时不去碰手机，而注意力竟然也没被任务栏闪烁的微信图标吸引过去。对现在的我来说，不去点掉那些小红点不再有难受的感觉，因为对于"错过"没以前那么在意了，换句话说，当我不再想控制信息时，它也无法控制我。

没有去刻意对付，却不知道什么时候摆脱了信息的奴役，这让我感到了真正的自由。这段个人体验让我亲身验证了契克森米哈赖所说的心流之神奇：在一个人找到一项能长久凝聚自己注意力的活动后，确实再多的外界侵扰也不足为惧。如果你正在经受信息强迫症的困扰，我想对你来说最好的方法也是找到一项活动，让心流带着你走出来。在此之前，先试着不要太在意"错过"，从放过那些小红点开始放过自己。

手机依赖症：没了它就不知如何生活

你是不是手机的迷恋型依恋者

手机依赖症，毫无疑问，它是拖延、强迫、成瘾、专注力丧失等各大都市病的集大成者。

现在请你先做一件事：把手机关机放在离自己比较远的地方，然后花5分钟随便做点什么：看书、在屋子里溜达、看着窗外发呆……5分钟后回来，重新打开手机。

好，欢迎回来。这段时间你有惦记自己的手机吗？记住这种感觉。

下面先说个无关手机的话题：恋爱中人的**依恋类型**[5]。这个理论简单说，就是当一个人处在亲密关系中时，按照他对另一半的焦虑和回避程度，可以分为4种依恋类型：安全型、疏离型、迷恋型、恐惧型。一起来看看临床心理学家大卫·沃林（David Wallin）对其中一种类型——**迷恋型依恋者**（高焦虑、低回避）的特征描述。

---

5 依恋类型（Attachment Style）最早由英国发展心理学家约翰·鲍比（John Bowlby）在20世纪40年代提出，该理论当时用于研究婴儿和父母之间的情感关系。到了80年代，Hazan和Shaver将这种依恋理论放在用于研究成人恋情的关系中。正如弗洛伊德所说，成年人的行为可以从他的儿时找到痕迹。

对伴侣高度重视，心思完全被其占据……对他们最大的威胁是分离、丧失和孤单一人，将保持这份亲密视为自己的最高利益……他们对伴侣有着畸形的依赖，经常牢牢占据另一半的大部分时间，压得对方喘不过气来……非常渴望对方能时刻陪在自己身边，如果分开片刻，他们会感到十分焦虑、痛苦……他们极度害怕那种被抛弃的感觉，结果往往适得其反，当另一半受不了时，只能提出分手。

回忆一下刚才和手机分开5分钟时你是什么感觉？如果有点像上面描述的迷恋型依恋，那说明你对手机有点过度依赖了，只不过手机不会提出分手，它能毫无怨言地陪你到天荒地老。

说到手机依赖，与其问自己什么时候需要它陪，不如问什么时候能没有它陪。

早晨一睁开眼看手机、刷牙时看手机、吃饭时看手机、上厕所时看手机、走路时看手机、等车时看手机、坐车时看手机、看电视时看手机、在超市排队结账时看手机、社交时看手机……在工作、睡觉之外那些属于自己的时间里，我们几乎都在看手机。

这么依赖手机，真的是因为它让我们感觉更好吗？纽约大学斯特恩商学院教授亚当·阿尔特（Adam Alter）曾做过一项这样的调查，结果发现经常使用运动、阅读、教育、健康类App能让人感觉还不错，可惜人们每天花在这些App上的时间只有区区9分钟。那剩下的手机时间呢？要么用在社交、游戏、娱乐、新闻的App上，要么即使没什么可看的也要像个强迫症患者一样频繁解锁屏幕，又频繁关闭屏幕。阿尔特对主要将时间花在这些App上的人进行了采访，他们普遍承认自己在生活中感觉并不好，尤其在每次放下手机回到现实中时，但实在忍不住。

手机依赖很像尼古丁成瘾：很多人都以为戒烟难是因为抽烟很快乐，真相恰恰相反，有烟瘾的人不断抽烟不是为了获得快乐，而是为了缓解痛苦（当然，重度烟民自己是意识不到的），因为尼古丁的戒断反应实在太难受了。我们对手机的依赖也是一样，即使感觉很差也无法离开它，别说分离了，当手机电量低于50%时就开始瑟瑟发抖，到处去找最近的共享充电宝。

让自己摆脱手机依赖的训练

会选择这本书并且读到现在的你，相信并不需要先听一堆过度依赖手机的危害，你已经有摆脱的意愿了。那就直接进入下一个话题：**怎样让自己离得开手机。**

离得开手机不是指不去用手机（这也是不可能的），而是不让它成为你生活掌控感的唯一来源。我们之所以一离开手机就坐立不安，是因为潜意识中认为它比现实中的自己更全面、更强大，就好像面对生活中大大小小的考试有了一件作弊神器一样，没了它就没安全感。想想也是，社交需要通过它，网购需要通过它，手里又是闹钟又是地图，又是相机又是游戏机……把手机放下的那一刻就感觉控制不了自己的生活了，就算没什么需要做的，拿起手机也几乎是填补空隙时间的唯一选项。但真的是这样吗？作为从没有3G/4G网络、只有贪吃蛇和彩信功能的手机时代穿越过来的人，我想说，那时候的手机就是工具，我们才是它的主人。

所以与其说要打破对手机的依赖，不如说是从它手里收回对生活的控制权，让它回归仆人的原本角色，一方面让它变得没那么重要，另一方面让自己变得更重要。具体做法有三个。

- **刻意练习**：适应人机分离，控制手机使用。

- **主动替换**：引入替代活动，还原手机功能。

- **设置障碍**：利用 AMC 原理，让依赖变难。

先说第一个做法：**刻意练习**。

就像抽烟有戒断期，需要慢慢减少尼古丁摄入一样，离开手机也需要一点一点适应。

想一想我们平时玩手机最高频的场景是什么？大概是各种空隙时间——坐扶手电梯时、去洗手间时、超市排队时、地铁等车时，逮到空隙时间就习惯性刷几下……其实这些时间短到根本做不了什么，我们只是习惯性地见缝插针而已。

因此刻意练习的第一层，便是抓住这些空隙时间让自己逐渐适应和手机的分离，原则自然是从最容易的练起。

首先是坐扶手电梯和去洗手间的间隙时间，这短短几十秒不去碰手机非常容易做到，是非常好的初始练习；然后可以试着突破到超市排队和地铁等车的间隙时间，几分钟和手机的分离会让人有点不习惯，在这段时间里将注意力放在观察周围的人和事上会好过一些，也能帮助我们重新建立和现实的联系；在几分钟也能做到且没有特别不适后，便可以挑战最久的间隙时间，比如在 20 ~ 30 分钟的工作餐时间收起手机认真吃饭、和同事聊天。通过这些间隙时间的练习，我们慢慢就会发现手机并不需要渗透到生活的每个角落，而生活是因为有自己的参与才变得重要。

刻意练习的第二层，是在大块时间被手机占据时训练自己想停就停。

这个训练其实是帮助提升自省力。自省力强的人通常比较容易控制自己对手机的依赖，因为他们相当于有"另一个自己"在时刻审视天性行为，在生活中通常能做到专注力收放自如，不会被碎片化的、随机的娱乐信号随意支配。而对自省力一般的人来说，因为天性的力量过于强大，某音、某手这些短视频App只要一启动，大脑就全程被一个又一个爽点劫持，"另一个自己"根本没有介入的机会。这些App是操控天性的专家，但也是绝佳的自省力训练工具。

首先，我们不用强迫自己远离某音、某手，娱乐没有罪。在玩这些App时加一个简单的练习：看了几个视频后、在刷下一个视频前，对自己说"这个视频看完后暂停5秒"，让"另一个自己"有一个短暂的审视和反思的气口。这个训练方法就一条原则：**没说就不做，说了就做到。**反复以往，像训练肌肉记忆一样，我们的自省力就觉醒了，对手机使用的控制力也会相应地大大增强，想停就可以停下来。

但光能停下来还不够，原本用来刷手机的大块时间总不能就这么空着吧——毕竟这不是短短的间隙时间。

下面就来说第二个做法：**主动替换。**

主动替换的A面是找回人类原本的自然活动。在进入智能手机时代前，人们在自己支配的自由时间里会做些什么，现在就"抄作业"做回去。那最好做些什么呢？我会建议多进行一些不能带手机的活动，比如游泳、泡温泉；或者会限制用手机的活动，比如听音乐会、看电影。这些活动因为本身就不方便用手机，便不会让我们的心里有太大损失感。除了这些活动，其他时间并不需要刻意禁止玩手机——与其完全不让一个有烟瘾的人吸烟，不如设置好禁烟区和吸烟区，跟着规则走，人的内心也会更安定。

主动替换的B面是分析自己使用频率最高的手机功能，逐步用专门设备将这些功能替换掉。喜欢手机拍照？用专业相机也很好啊（除非是放不下手机上那些美颜滤镜）；喜欢手机阅读？Kindle的不伤眼、无打扰体验太舒服了；喜欢玩手机游戏？说真的，游戏这么耗时间，不如用Switch去玩些真正值得的好作品吧。当然我也知道手机又全能又方便，全换成单一功能的设备肯定会让大部分人犹豫，包里带一堆设备出门也不是今天的生活方式。但在被手机依赖牵着鼻子走的这些年，我越来越意识到：在资本力量肆无忌惮的今天，多少要对他们极力推给我们的那些看似"方便""好玩""潮流"的东西有所警惕。有时候去用那些返璞归真的替代品，是为了保住自己那份自由和清醒。

第三个做法：**设置障碍**，就是利用AMC模型来个反向操作，让依赖手机变得没那么容易。

人类的行为习惯可以分两大类：上坡型习惯和下坡型习惯。前者是一些需要努力维持才能形成、一旦松懈就很容易前功尽弃的习惯，比如写情绪日记、健身节食、不拖延、不晚睡等，通常好习惯都是这种费力的上坡型习惯；后者则是那些按惯性行事且很容易刹不住车的坏习惯，手机依赖症就是下坡型习惯的典型代表。对于上坡型习惯，用AMC模型来看，最有效的是在动机上大力推一把，其次是提升能力；但对于下坡型习惯，老实说，指望滑坡时靠拉住不良动机来终止手机依赖这种坏习惯不太现实，所以重点应该放在"让坏习惯没那么容易做"上面。

怎么让手机依赖变得不容易做呢？这里有如下两个参考做法。

- **降低能力**。平时将手机放在随身带的包里，不放在桌子上，也不放在口袋里，让自己不再随时随地能拿起手机，要用的时候需要付出额外体力起身去从包里掏出来。

- **提升挑战**。思考让自己最成瘾而又最对成长无用的App有哪些，取消面容和指纹ID直接登录，转为设置密码登录。同时，这个密码不能是你习惯的常用密码，而要采用无规律的数字、字母、特殊符号组合以防止自己背下来，把它写在一张纸上放在抽屉里。

这样做，以后当你每次习惯性想拿起手机时，还得先从包里翻出来，要打开那些成瘾App就更麻烦了，在找密码纸的过程中想要马上快乐一把的冲动必定消退了一半（也不用担心这张密码纸丢失，毕竟能用手机找回密码），逐渐地，你对手机的依赖就没那么顽固了。

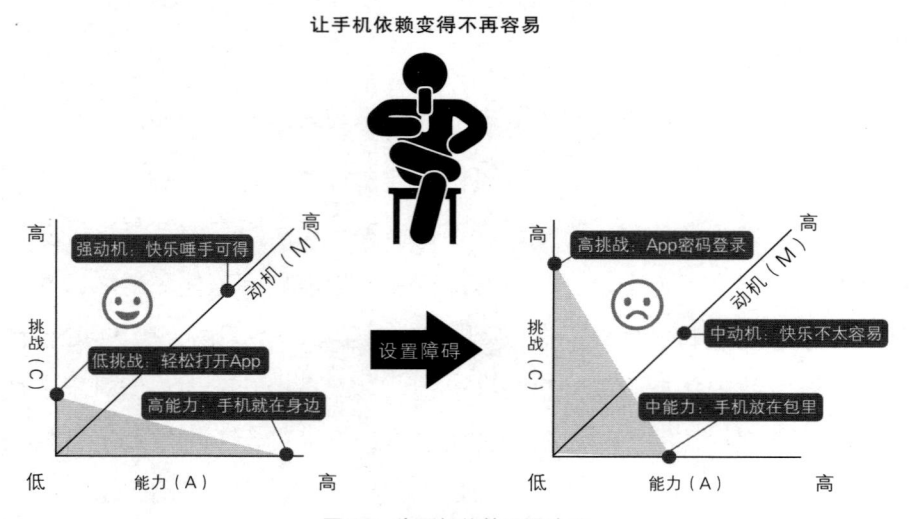

让手机依赖变得不再容易

图22 为手机依赖设置障碍

你可以根据这个思路为自己设置类似的障碍，相信坚定地想摆脱手机奴役的你，想象力应该比我丰富得多。

好了，经过上面一系列的操作——**刻意练习、主动替换、设置障碍**——手机依赖症对你来说已经从不可控逐步变得可控了。之所以要和手机依赖这么较真，因为它是夺走我们生活掌控感的罪魁祸首，如果放任自流，想获得一个熵减的，甚至有心流相伴的人生便是空想。别手软，加油！

选择困难症：谁来帮我做个决定

本章最后，我们来聊一个以纠结著称的都市病：选择困难症。

在生活中，我们每天都会不断进行选择。身处现代社会的一个好处是：大到嫁什么人、选什么工作，小到叫哪个外卖、看哪部电影，几乎每一次的选择都能找到不止一个的备选方案。选择困难症其实是享受现代社会便利的副产品，代价就是在反复纠结中过度思考，给内心招来了添堵的精神熵。

我们为什么会选择困难呢？哥伦比亚大学商学院教授希娜·艾扬格（Sheena Iyengar）在斯坦福大学担任研究员期间，曾牵头做过一个关于"选择"的有趣实验。

几个研究员假扮成果酱供应商，在当地一家杂货店放了两张桌子，一张上面摆了6种口味的果酱，另一张摆了24种口味的果酱。他们打出广告欢迎到店顾客免费试吃，然后统计这些人试吃的种类，并观察多少人试吃后真的掏腰包购买。结果发现，尽管有24种口味的那一桌吸引了更多的顾客，也都一窝蜂地挤在一起试吃过多种口味，但最后几乎没人买。而去了6种口味的那桌的顾客大多只尝了2~3种口味，却有大约30%的人在品尝后真的买了其中一种果酱！

这个实验说明：当选项太多，而以我们当前的能力或眼前的信息无法仔细比较所有的选项时，大部分人会干脆放弃选择。后继的追加实验还发现，如果真的从一大堆选项中选了其中一个，过后人们也会对这个选择不满意，容易后悔。

在现实中的我们选择困难时，商家比我们更急，会明里暗里变着法子帮顾客解决纠结。比如我们在逛商场时经常会发现，一家卖鞋的品牌店会在最显眼的位置放三双当季主推的鞋：一双打九折的中端鞋、一双打五折的中端鞋、一双不打折的高端鞋。商家真的是为了同时推这三款鞋吗？当然不是，他们真正指望跑量冲业绩的，是那双打五折的中端鞋，另两双鞋其实是托儿，是炮灰，用来衬托出主推鞋的性价比，帮助犹豫不决的我们做决定的。

所以一开始就排除或减少选项，是避免自己选择困难最基本的做法。

当然，我们在现实中面临的情境还要比实验复杂得多。除了选项过多这个基本原因，研究者还归纳了选择困难的另外两大主因。

第一个是选择情境的特点，当选项之间用于比较的属性高度同质化，没有哪一个占据绝对优势时，哪怕选项并不多还是会令人十分纠结。当我们要从一堆同档次的安卓手机中选择时，就是这种纠结的情境。

这种情境下会不会选择困难，取决于第二个主因——选择者是否有清晰的偏好。

如同想给一个朋友介绍对象，最难介绍成功的是那种"我没有标准，看感觉"的。一群朋友出去吃饭，最令承担点菜任务的那个人头大的，是说"吃什么随便"的人，当然也确实有真的对吃啥不太在乎的人，比如我，但应该说清楚忌口，比如"我什么都吃，但对虾过敏，不喜欢太多姜"。搞清楚自己的偏好，是一个简化选项的方法，先清楚需要取舍的属性有哪些，再问自己最看重什么，比如手机能考虑的属性有拍照、续航、声音、隐私和系统友好度，如果自己喜欢拍照，又不喜欢外放音乐，那就很容易决定了。

选择困难的根源："最优型"决策风格

上面说的这些外显的原因都不难解决，下面这个才是真正造成无休止纠结的心理成因——我们**内隐的决策风格**。行为心理学上经典的"理性/有限选择模型[6]"曾区分出人们具有的两种决策风格。

- **"最优型"决策者**：这种类型的人心怀执念，面对任何决策情境，都会穷尽所有属性选项，无止境地追求最优解。

- **"满意型"决策者**：这种类型的人知足常乐，不追求最优解，有一个点到为止的好的选项就行，他们关注的是在决策当下是否满意、舒服。

面对选择时，这两种人的表现是截然不同的。

相比于"满意型"，"最优型"决策者愿意投入更多的时间、精力成本搜集信息，寻找更多的选项，而"最优型"决策者正是顽固型选择困难

---

6 见 Schwartz, B., Ward, A., Monterosso, J., Lyubomirsky, S.,White, K., & Lehman, D. R. (2002). Maximizing versussatisficing: Hppiness is a matter of choice. Journal of Personality and Social Psychology, 83, 1178–1197.

症的"重灾区"。那么，如果你发现自己是"最优型"决策者，并且已经因为选择困难而痛苦不堪，那还有没有救呢？还真有一个方法，可能还是你意想不到的。

在讲方法前，我们再多了解一下"最优型"决策者那种停不下来的纠结是怎么来的。

拿找对象为例，有研究发现：这个群体在婚恋平台会浏览更多潜在对象的资料，这是因为他们眼中的"最优"往往还具有强烈的社会功能性，也就是说，选的对象不仅是自己眼中最好的，还得是别人眼中最好的。因此，除了自己的偏好，他们还会将别人会欣赏什么样的人纳入选择属性——很明显，这样的决策风格，没有重度选择困难才怪。

客观地看，寻求最优解的执着对个人的外部发展是有好处的。有调查表明，在职业起步阶段，深思熟虑的"最优型"决策者薪资增长更快，相对更普遍的"满意型"平均高出20%；但另一方面，"最优型"决策者又经常对自己的选择不满意，更容易在决策后感到后悔，所以整体幸福感更低，有更强烈的抑郁倾向。这也很好理解，毕竟人生中是没有所谓"最优解"的，而为了追求"最优解"又必须去迎合他人的标准，就会令自己过得非常辛苦。

所以，"最优型"决策者在外部发展顺利的同时，内部的自我发展却通常充满障碍，而"满意型"决策者虽然知足常乐，却也难免留下未能发挥全部潜力的遗憾。那么，究竟是做一个痛苦而高效的人，还是做一个满足而不那么高效的人，又是一个没有对错、令人纠结的选择。

扔硬币法：给"最优型"决策者的解药

如果你恰好就是个"最优型"决策者，已经因为重度选择困难痛苦不堪，想要做点改变来平衡自己的内心，那么下面的内容就是为你定制的。

你有没有想过，为什么自己会成长为这个类型的决策者？

我身边有些重度选择困难的朋友也曾在痛苦不堪时来问怎么办——很显然，那些针对普通选择困难的建议对他们几乎起不到作用。通过提炼这些朋友的共性，我形成一个自己的判断（没有学术依据，纯个人观察）。首先，这些朋友都非常聪明，家人寄予他们很高的期望，且一路控制着他们的发展，从出生、小学、中学，到考什么大学、念什么专业，多半也是家人或他人给拿主意。然后，大学毕业进入职场，他们突然发现自己可以决定一些事，感受到"掌控感"了，便开始追求这种感觉，只要是自己能决定的事，一定要穷尽所有选项，找到最优解——这其实就是在追求控制的过程中失控了。

而如果一个人从小就一件一件事学着自己拿主意，有的能做成有的没做成，便能经常体验到一种正确的、平衡的掌控感，在日后不至于走向"最优型"的极端。那么，到底是种什么样的感觉呢？现在我们马上试一下。

先想一件严肃且AB两难的事，比如，要不要跳槽、要不要分手。然后准备一枚硬币，告诉自己"扔出正面就做A，反面就做B"。好了，马上扔！然后看清楚是正面还是反面。

现在我问你："要不要再扔一次？"

如果不出意外，你现在大概在骂："这是什么鬼，小孩子才这么做选择！"

其实并不是。无论你觉得多荒唐，只要你动了想再扔一次的念头，就说明潜意识帮你选择了另一个选项，也就是说，你心里其实早选了A或B，而你之所以AB两难，只是又想要这个选项的好处又不愿承担其背后的潜在后果而已。上面说的那种正确的、平衡的掌控感，都不是来自反复琢磨，而是来自"我决定了，就做了，天也没塌"的认知惯性。

所以对付重度选择困难最好的方法，不是深思熟虑，而是一个"执行"的仪式。一件事无论多麻烦，只要"执行"了，我们的内心就能恢复坚韧、平静，各种假设性的恐惧也会烟消云散。在我们逐渐接受扔硬币法后，就不需要拿个硬币在手里了，脑子里预演一下过程就行，潜意识这台超灵敏的天平要么会倾向一边告诉你答案，要么会两边都没动静，你就知道都不是内心想要的——什么都不做，很多时候其实是最好的选择。

对于重度选择困难者，有三个很重要的提示。

- 在做选择前，你一定会在头脑中推演选择的各个结果，只将注意力放在最糟糕的情况该如何处理上。如果无法处理，那就想清楚如何承受，然后执行。

- 执行完毕后，不要马上进入复盘，因为只会懊恼。平静几天后，将自己放在一个第三人的角度，客观地自省之前决策过程中外部不可控的因素和自己可控的盲区。

- 自省过后，无论后面如何发展，都接受和承担或好或坏的结果，因为这就是生活，然后翻篇，不要反复反思。

为什么要有这三个提示呢？因为"最优型"决策者其实有个矛盾的地方。

一方面对选择痛苦和恐惧，另一方面又迷恋这个过程。对他们来说，无休止地两难是过瘾的。而要真正摆脱出来，就是要让所有的事有一个清楚的开端——就是扔硬币，和一个清楚的结束——就是自省、封存。然后，我们的生活就能继续了。

这一章关于都市年轻人的四大顽疾：拖延症、强迫症、手机依赖症、选择困难症就讲到这里。这些都市病是给我们日常带来最多精神熵的罪魁祸首，和它们打交道时请记住三个要点——**看清本质、简化思维、果断行动**。而当你全身心投入自己的熵减行动目标时更会体验到：这时候的你即使想和它们一战高下都很难狭路相逢，就是遇上了也往往会不战而胜。

第五章

复杂头脑的熵减指南

你将从本章了解到

大名鼎鼎的心智理论是什么

如何运用心智力做决策、如何提升心智意向性层级

内语是什么,它是怎么发生的、有什么用

多巴胺带来的快乐到底是怎么回事

如何利用多巴胺的跷跷板机制去做困难的事

心智理论："我知道你知道我在想什么"

心智理论的前世今生

精神熵增是人类独有的痛苦，因为这个复杂的头脑经常会"想太多"又"想不明白"。

在人脑演化的漫漫长河中，由前额叶皮层掌管的理性认知只有200多万年的"打怪"经验，龟速的处理能力远跟不上迅猛的时代发展。所以睿智的先辈们发明出一系列简化思维的方法，比如数学、几何学、经典物理学等，帮助后人顺利度过"新手村"。

到了现代，人和人之间除了智力差距，还有认知差距。一个将认知化繁为简的途径就是提高自己的心智层级，现在来认识一下著名的**心智理论**（Theory of Mind）。

心智理论研究的是人与人之间感知、推测他人脑中动机、欲望、信念、隐喻、情绪变化，以及欺骗伪装的心智应用差异，被誉为人和人拉开认知差距的终极能力。和潜意识不同的是，高层级的心智能力是意识的主场，因此是可以后天习得的。这些年悬疑剧大火，这些剧本设计的背后原则，都来自心智理论。喜欢看悬疑烧脑剧的人，多半心智层级也比较高。

这个理论的脉络太庞大了，我们先梳理一下背景。

"心智能力"的概念最早在1978年由两名宾夕法尼亚州大学心理学系教授——大卫·普雷马克（David Premack）和盖·伍德鲁夫（Guy Woodruff）在他们的一篇实验论文中提出。当时这个实验的对象并不是人类，而是黑猩猩：研究者让一群演员假扮黑猩猩，然后假装陷入不同难度的困境（如够不到香蕉、逃不出酷热的笼子），借此来观察黑猩猩会不会像人类一样有疑惑、猜测、确信等心理过程和提供帮助的行为。到了20世纪80年代，这个概念被发展为心智理论，一开始主要用来研究儿童的心智意向层级发展[1]，看不同年龄段的孩子在什么时候能够感知和解读他人的想法，然后根据自己的意图说实话或说谎（比如告诉好朋友玩具在哪里，故意告诉陌生人玩具在另一个地方）。

随着神经科学的发展，后期的心智理论研究步入了探索特定神经元的时代，对象也从儿童衍生到成人，并应用到犯罪心理领域，比如测谎、动机分析、暴力预测、性格侧写等。心智理论在发展心理学、认知心理学、神经心理学和精神病理学中都是一个热门话题，有人甚至将之神化为"读心术"，但这是不正确的。由于心智这种东西无法直接观测到，我们只能以设定条件、观察现象的方式来推测心智的存在，所以心智理论更像量子物理学出现前的"广义相对论"，是一种假设性理论。

---

[1] 以儿童为对象的经典心智理论实验：1983年Wimmer和Perner的"错误信念测验"（False Believe Tasks）。

心智能力的测量：意向性层级

心智这种看不见摸不着的能力怎么分高下呢？心智理论的研究者制定了一个规范，将人的心智所处层级以"**意向性**"（Intentionality）作为度量标准。层级越高，思维越简洁高效，不容易总是胡思乱想把自己绕进去，自然内心的熵值也越低。

下面来看看一对情侣吵架时的对话。

"我不懂你在说什么。"
"我觉得你不懂我在说什么。"
"我看你也知道你不懂我在说什么。"

这三句话，从上往下是不是一句比一句更拗口？

第一句"我不懂你在说什么"——这是自我的直觉反应，情绪表达。

第二句"我看你不懂我在说什么"——这是略微想了一下对方反应后的反应。

第三句"我看你也知道你不懂我在说什么"——这是充分交换立场思考后的结论性反应。

这三句话分别代表了一级意向性、二级意向性、三级意向性，层级越高代表思考维度越复杂，也听起来越不像"人话"。

一级意向性，即拥有自我意识，并能从自己的角度表达。比如2～3岁的幼儿照镜子，他就会意识到镜中的人是自己。

二级意向性，即以自己为主体，推断他人对自己的想法。比如，我感觉到他发现我很有魅力。

三级意向性，个体推断一个人如何思考另一个人的想法。比如，我怀疑他也发现了她很喜欢他。

越高的意向性层级，越能精确地对自己和他人的心理状态进行类推，我们在日常社交活动中经常会用到第三层级的意向性。下面再往三级以上走。

四级意向性，指的是个体推断一个人怎样揣测另一个人如何思考第三方的想法。比如，我猜你也认为他以为她喜欢他。到第四层级，就是比较高级的心智能力了。一些工作，比如创作流行网文的作者，需要拥有至少四级。

五级意向性，指的是个体推断一个人怎样揣测另一个人如何思考第三方对第四方的想法。比如，我觉得你在暗示她想要小李相信小王在喜欢她。

是不是单单听完这句话就只想挠头了？五级意向性需要在推测的同时，加入更抽象的逻辑假设，一些宏大文学作品的作家或影视剧的编剧，比如《三体》作者刘慈欣，都能到五级以上。

那么心智意向性的下限和上限在哪呢？

一些研究发现：绝大部分哺乳动物都拥有一级意向性；黑猩猩和红猩猩的心智意向性在理论上差不多能到二级；至于经过上百万年进化的人类，实验条件下目前可达到的极限是七级意向性。同时研究也指出大部分普通成年人的意向性集中在三至五级，这就决定了我们平时能接受的一些事物或文艺作品的上限。

演化心理学家、牛津大学认知及演化人类学学院前院长罗宾·邓巴（Robin Dunbar）曾以《奥赛罗》这个故事为例解释了这一点。

观众在仔细思考莎士比亚的《奥赛罗》时，他们不得不从四个意向层面来进行：我（观众）相信伊阿古意图让奥赛罗以为苔丝狄蒙娜想要移情别恋，当莎士比亚把这出戏呈现在观众眼前的舞台上时，他会在关键的场景中让四个人相互作用，这样观众的思维就得上升到第五个层级——也是大多数人所能达到的极限。

想一想我们平时追的剧：那些在看的时候毫不费力，甚至可以边刷手机边看或开倍数也不会跟丢的剧，需要调用的意向性都在四级之下。如果是刷搞笑短视频，只需要二级最多三级就够了。而那些需要我们集中注意力才能跟上的剧，都会触及四级或以上的意向性，而这些剧的创作者自己则需要更高层级的心智才能创作出来。优秀的创作者能在掌握作品里所有人物的想法和相互关系的同时，还能假设读者的想法，有的意向性甚至能达到六至七级，比如那部无数人苦手的《百年孤独》。所以读一些好作品虽然费脑细胞，但只要能跟得上，看完后就会很爽，这也是为什么一些优质的悬疑剧令人着迷，很多人会二刷三刷。

人类的心智能力分布也符合二八定律。大多数人在日常生活中只会用到二至四级意向性，只有不到20%的成年人能达到并经常用到五级意向性，这些人在面对普通复杂度的事情时也不太会"想太多"又"想不明白"。

你的心智大概在哪个层级

读到这里的你，是不是也很好奇自己当前处于哪个心智层级呢？心智理论毕竟也发展了小半个世纪，目前确实有一些具有参考价值的测量方法。但和纯做题的智商测试不同的是，测量心智意向性需要在现场结合互动和观察才能完成，这本书里做不了。不过别失望，你可以用一个简单的方法先粗略自测下，就是回想一下自己平时刷的剧哪些毫不费力、哪些死命都跟不上，差不多就是自己当前心智意向性的下限和上限了。这里我自制了一个烧脑悬疑剧的心智意向性层级坐标图（非常主观，仅供参考）。

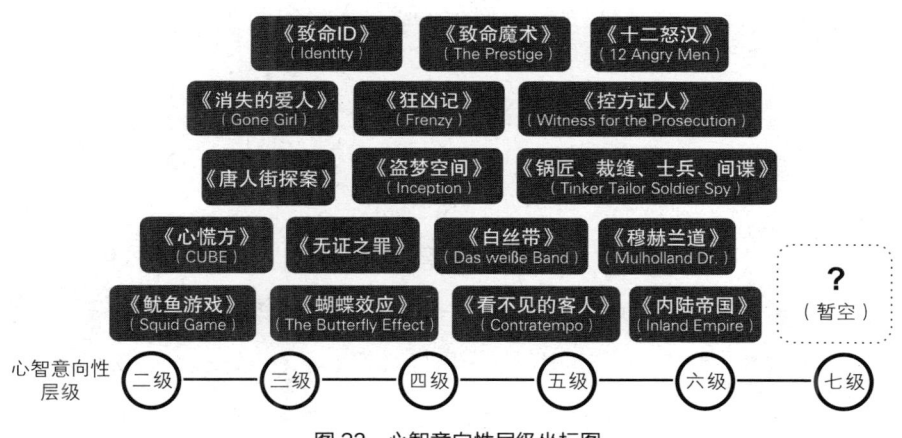

二级	三级	四级	五级	六级	七级
		《致命ID》(Identity)	《致命魔术》(The Prestige)	《十二怒汉》(12 Angry Men)	
	《消失的爱人》(Gone Girl)	《狂凶记》(Frenzy)		《控方证人》(Witness for the Prosecution)	
	《唐人街探案》	《盗梦空间》(Inception)		《锅匠、裁缝、士兵、间谍》(Tinker Tailor Soldier Spy)	
《心慌方》(CUBE)	《无证之罪》	《白丝带》(Das weiße Band)		《穆赫兰道》(Mulholland Dr.)	？（暂空）
《鱿鱼游戏》(Squid Game)	《蝴蝶效应》(The Butterfly Effect)	《看不见的客人》(Contratempo)		《内陆帝国》(Inland Empire)	

图 23 心智意向性层级坐标图

那么，高层级的心智意向性和我们又有什么关系呢？一句话：能帮助我们做出简洁而高质量的判断。下面将用两个小故事来说说"决策"这件最烧脑、最需要判断力的事。

"选丑"与"选美":运用心智力做决策

两个关于决策的小故事

我们生活的每一天几乎都离不开决策,如果人人能运用好自己的心智意向性,至少选择困难症带来的熵增会降低一半。先讲第一个我自己的小故事,关于"选丑"。

如果你和我一样都是80后,应该记得20世纪90年代初,港台流行乐在内地的风光。那时我也是只可怜的"小学鸡",整天"馋"着同学的Walkman,只有帮他们做点作业才能蹭着听一会儿。听什么歌自然不能选,机器里有什么卡带就听啥,那些歌星谁是谁都搞不清。后来一次考得好,在对爸妈的软磨硬泡下我终于得到了自己的第一台Walkman。那时新华书店一盒引进版卡带是9.7元。但是!爸妈给我的买卡带的钱只有10元……那个年代,店里当然没有试听,更没有手机网络能查查评价之类。我站在音像柜前,盯着陈列出来的上百款卡带,一脸迷茫:要从一堆陌生的脸和陌生的名字里选出一盒,可不就相当于抽盲盒嘛!

这里停一停,你先快速思考一下:如果换作是你,在当时的条件下会怎么选?

幸好呢，新华书店会把当月最畅销的卡带陈列在柜台最上一排，那么范围就缩小到这十几款，但从这十几款里选，也和瞎子摸象差不多。我想了想，先明确需求：要选出唱歌最好听的。然后仔细看了一下这一排卡带的封面，有男有女，有美有丑……嗯？一个念头突然冒了出来：长得好看的歌星自然会受欢迎，那长得不好看的，还有那么多人喜欢……一定是因为唱得好啊！

目标确定了：选长得最丑的！

所以，我买了人生的第一盒卡带——张学友的《真情流露》（Jacky 哥，对不起）。尝到甜头后，我后面陆续用这个策略买下了吕方、张镐哲、Elton John 的卡带。一次都没让我失望过！

我的"选丑大法"讲完了，下面讲第二个小故事：凯恩斯的选美理论。

凯恩斯（John Maynard Keynes）在研究市场的不确定性时，以形象化的语言描述了自己在金融市场投资的理念，那就是金融投资如同选美：在有100名美女参加的选美比赛中，如果猜中了谁能够得冠军，你就可以得到大奖。

再停一下，如果换作是你，你会怎么猜？

凯恩斯告诉我们，别猜你认为最漂亮的美女能够拿冠军，而应该猜大家会选哪个美女做冠军。即便那个女孩丑得像谐星，只要大家都投她的票你就应该选她，而不能选那个长得像你梦中情人的美女。这里决策的关键就是要猜准大众的选美倾向和投票行为。因此，对于一个聪明的投资者来说，他需要考虑到这个问题的第三层甚至更高的级别："如果每个人都在猜别人会怎么选，那么最后他们最有可能选谁？"

两个故事讲完，聪明的你一定抓住了要点。对，高质量的决策有两个特点：**高概率性**和**高预测性**。

根据心智理论，如果仅用一级和二级意向性，我选卡带的决策就会变成"我喜欢这张脸"，这是一级；或者"我同学都觉得他好看，就这盒了"，这是二级；到第三个层级（我知道你知道他知道什么）就是："那么多人都喜欢好看的歌星，但会为不好看的他买单，唱片公司知道这一点，所以也愿意包装不好看的他，那他一定是唱功特别好。"有人会说，那长得好看，业务能力又强的明星也很多啊。

这就是关键了：决策的第一原则不是要选到最好的，而是要选到正确概率最高的。如果从100个好看的明星和100个不好看的明星中随机各抽一名，抽到业务能力好的概率在哪个群组更大，就是我当时的选择依据。

博弈：利用心智力做预测

说完了这个在生活中提高决策概率性的例子，下面继续分析凯恩斯选美理论体现的一个更复杂的博弈情境——决策的预测性。

"预测"是一场无穷无尽的"猜想"游戏，也是博弈论研究的精髓。博弈论的英文是 Game Theory，听起来好像游戏，而这个游戏还真在现实中验证过。

1987年的某一天，英国《金融时报》上出现了一则奇怪的竞猜广告，邀请大众参加一个数字竞猜比赛，参与者必须在0到100之间选择一个整数寄回去，谁猜的数字最接近平均值的三分之二就是赢家，奖品是一套价值超过一万美元的从伦敦到纽约头等舱的协和航空往返机票。

这个游戏的发起人来自《错误的行为》一书的作者、获得2017年诺贝尔经济学奖的理查德·塞勒（Richard Thaler）。游戏最终的获胜数字是13，因为参赛者们所选数字的平均值是19.5。随后不久，美国《纽约时报》也发布了一个几乎一模一样的游戏，这次一共有6万个玩家参加，所猜数字的平均值是28，因此最终获奖数字是该值的三分之二，即19。

惊人的巧合吗？当然不是。

从《金融时报》发布的结果看：大约5%的读者，3000人左右选择了"50"这个数字，这些读者可以被称为第一层级的参与者，根本没动脑子；接下来，大约有10%的读者，6000人左右，选择了33，他们是第二层级思考者，因为至少做了第一步推算，即50的三分之二等于33；再接下来，有大约6%的读者选择了22，这些读者属于第三层级思考者，比前面两个群体又多想了一步，在33的基础上再乘以三分之二；最后选中19的人数大约为1.2%，除去那些运气爆棚的，真正运用到第四层级以上意向性，也就是预测了多少比例的人会走到第二、第三步，再根据这个来进行复杂推算的思考者不到1%。所以，最终的获胜者不仅自己能够在高意向性层级思考，还要预测低层级的人会怎么做，以及他们大概占多少比例，即所谓的策略性降维竞争。

然而这个游戏也曝出了一些丑闻：少数达到第四层级以上的人会故意放出自己的推算来误导他人，并通过一些方式引导其他摇摆者选出自己（达到第四层级以上的人）希望的数字。从凯恩斯选美理论的这个现实版例子可以看出，如果是在一个关系到众人利益的博弈情境下，比如股市，从第四层级再往上走便不可避免地需要做一些"人为操控"了。这里需要敲下黑板：这种情况需要我们有意识地去避免，无论是做投资还是和朋友相处，如果将心智理论用于玩弄心理，最终会深深地伤害到我们自己，也和心流理念背道而驰。

总之，我们研究任何理论都是为了让自己更幸福，而不是所谓的"更成功"。

提升你的心智意向性层级

在现实中，那些投资高手通常能在五级或以上的层级思考，然后降到三至四级去洞悉大众的有限理性从而做出更好的投资决策。优秀的文艺创作者可以在六级甚至七级进行思考，创作出复杂作品，同时又能够降到二至四级用易懂的文字向大众表达。

为什么这些人的意向性能如此游刃有余地在高低层级游走呢？

前面提到的牛津大学教授罗宾·邓巴在他的著作《人类的演化》中给出了生理上的答案：现代神经科学通过对神经影像研究的结果表明，神经元的数量和心智能力有着直接关系，也就是说，眶额皮质越厚，意向能力越强。除了极少数天才，大部分心智高手都不是天生的，他们通过长时间的训练，使神经元增多、眶额皮层增大增厚，伴随而来的就是高层级的意向性。

即使普通如你我，我们的心智能力也可以通过训练来提升。下面提供几个在生活中就可以练习的建议。

第一是拆解文学作品。我们阅读经典文学作品，除了汲取美感和力量，其实潜移默化地也在进行思维训练。有一种通过讲故事提升心智意向性层级的方法，是通过拆解经典文学作品厘清故事结构、画出人物关系图谱、掌握人物之间是如何相互作用的。

第二是日常冥想。很多顶级高手，比如已经过世的Apple的乔布斯、微软的比尔·盖茨、桥水基金创始人雷·达里奥、《黑天鹅》作者纳西姆·塔勒布等都有长期进行冥想的习惯。冥想可增加前额皮质的厚度，而这些区域是控制人注意力和感知能力的地方。

第三是尝试写作。有关写作的益处已经很多人说过了，在此不多赘言，看再多的书和文章，都不如自己提笔写作对心智意向性层级的提升作用大。作为起点，我会建议从轻小说入手。在尝试创作出一个超过4个人物相互作用的小故事后，你自然会明白意向性是如何体现的。

通过这些日积月累的训练，我们的神经元会增多、眶额皮质会增厚，心智能力便走向了更高的意向性层级——最重要的是，你会发现自己不再像以前那样老是"想太多"又"想不明白"了！

"内语"：认真聆听自己脑中的那个声音

谁老在我们脑子里说话

我们的大脑不仅会想太多，而且有时候话也多。来看一个困扰了我多年、可能也困扰了你多年的疑问：当我们在看一本书、思考一个问题，或在心中纵情歌唱时，那个在自己脑子里说话和唱歌的声音，到底是谁的？

而且这个声音，有时还会配合场景自动变化语音语调。比如我在默读巴尔扎克的《葛朗台》时，每当轮到这个抠抠索索的鸡毛老头说话时，脑子里就自动会给他"配音"，用的还是"地主家也没余粮呀"那个阴阳怪气的调调。这种体验你肯定也有，有时哪怕只是静静地躺着想问题，也会听到有个清晰的声音像在和你一问一答。

这个现象其实从20世纪30年代就有人开始研究了，其中贡献最大的是一名叫利维·维谷斯基（Lev Vygotsky）的心理学家。他在1934年给了这个现象一个学名叫作Inner Speech，中文可以称之为"内语"。

会发生"内语"的原因，简单说就是说话这种外部社交行为的内心化，是我们无意识中在用和他人交流的方式"脑补"出一个声音与自己交流，而出现这种现象说明你正处在思考过程中。

那这声音是怎么脑补出来的呢？

神经科学研究发现，虽然我们没有刻意去指示大脑"说点啥"，但被一个和说话直接相关的重要脑区——布罗卡氏区代劳了，它会假设我们真的开口说话了一样，自动生成我们真实声音的一个副本。这个"副本"怎么理解呢？比如你正在做一个细微平衡的瑜伽动作，这时你的大脑在给肌肉系统发送一个"去做"的神经信号时，会同时生成这个信号的一个副本同步给认知和感知系统，让它们迅速地"凭空模拟"一次这个动作并提前存储在肌肉记忆中。然后，你在真实做这个动作时不用再消耗认知能量去控制，而可以把这部分注意力放在观察周围环境，避免外部突发情况——这个过程就叫作"伴随放电或感知副本"。

当然，"内语"时的这个副本和运动时的也不太一样，因为这是在没有动作真实发生时生成的。当我们在默读一篇文章时，虽然没有真的说话，这个副本还是会发送到4个和选择词汇、组织语法、提取字音、输出音节有关的脑区，然后生成的声音就会在脑海里"说话"了。这时候也有点像听有声书，但是一个主动的学习行为——自己念给自己听一遍，该记住的就记住了。

发生"内语"实际上是大脑在帮我们走一个学习的捷径。你大概也有这样的经验，当来了个人问一个你自己都没太想清楚的问题时，你为了给人讲清楚拼命思考，结果讲着讲着把自己也讲明白了。很多问题自己苦苦思索效率是很低的，一个模模糊糊的想法经常是在和他人聊天时变清晰的，这个不是别人的功劳，是你自己在表达的过程中，将想法中模糊的地方和不连贯的逻辑用语言理顺了。这就是"内语"的重要功能——通过和自己对话来厘清混乱的思维、进行简洁的思考，虽然没有实验证据，但我猜测经常体验到"内语"的人也会有较高的心智意向性层级。

关于"内语"的冷知识

然而，并不是每个人的"内语"功能都是正常的。一些精神分裂症患者便无法分辨脑子里的声音到底是自己内部生成的，还是来自外部的他人在说话，于是就会被多个"副本"的声音逼到分裂。此外，我们经常听到的"阅读障碍"则是个反例，有这个障碍的人群，他们的大脑在阅读时无法产生副本，就是听不到自己思考时的声音。他们的问题是认知系统接收不到文字输入后的信号，最后的结果就是没办法顺畅阅读。

肯定还有"好奇宝宝"要继续追问："那这个声音为什么比我自己朗读、唱歌还生动，声情并茂，好像专业声优似的，有时还有口音？"

这个问题问得好，这正是"内语"最新研究的焦点。近年来，研究者们提出了各种假设，争论不休，目前还没有定论。其中有一个从"模式识别"角度的解释还挺有意思，它说的是我们每个人的潜意识里都有一个不外显的、模糊的"身份化"欲望，比如在什么情况下自己会是什么样、会做些什么。这就像我们的梦境体验，梦里见到的人、听到的声音，各种细节都是那么真实，场面比好莱坞投资几亿美元的大片还讲究，而实际上这只是感觉上的真实而已。除了一些天才过后能通过文字和绘画表现出那些感觉，我们大多数人醒来后，是无法超越当前的认知限制将其描述出来的，真要描述时会发现，每个方面都很模糊。

而在"内语"时，我们是清醒的，反而能在"模式识别"时调用经验和记忆，将自己的认知用到极限去加工这些声音，内心觉得应该什么样，就能出来什么声。这个过程是大脑帮我们自动完成的，可以说是人类脑进化的红利。而当前关于"内语"口音方面的研究有一点基本达成了共识：脑海里那个声音的基础音色，就来自我们自己的声音！比如你是女性，你听到的"内语"通常也是一个声音和你有点像的女声。但这个声音的音色，通常会比你我认为的自己真实的声音更好听一些。

说到这里又有一个冷知识了。

有研究发现，大多数人听到的自己的声音是通过鼻腔共鸣后发出的，这和他人在通过空气传播后听到的声音是不同的。所以很多人觉得自己的声音不好听、对面那个人的声音更好听，其实吧，对方也这么觉得。所以在"内语"时，大脑会自动帮我们填补这个缺憾，让这个声音的音色更接近理想中自己的声音。下次你再遇到"内语"时，仔细听一下它的音色特质，你就知道自己希望在说话时让他人听到的是什么样的声音了。

"内语"和"耳虫"

最后，需要区分一下"内语"和"耳虫"。有人曾问过我："不知道在哪儿听到首抖音神曲，这两天脑子里一直单曲循环，这也是内语吗？"这并不是"内语"而是"耳虫"。"耳虫"往往是听到那些简单、重复的旋律或节奏的音乐时的一种洗脑现象，它是被动的。伦敦大学的一项研究还指出：相对于普通人，有一定强迫症和神经质的人更容易被洗脑，因为这类人群对于重复性的刺激反应更敏感，全程都没有什么抵抗力，很无助。那么我们在什么情况下最容易被洗脑神曲入侵呢？一些研究发现，人们产生"耳虫"时经常伴随着一种焦躁，这是因为眶额皮质中大脑灰质的容积已经容纳不下所收到的情绪刺激了。所以当我们本身情绪不佳或者非常疲倦时，那些神曲就特别容易在脑内循环。还有一种情况就是我们虽然不累但注意力无法集中，老想开小差神游，这时就处于眶额皮质的活动需要被抑制或休息的状态。处于这种状态时，除了旋律，我们会更容易被歌词入侵，开始了"神曲+歌词"的"升级版耳虫"。

"内语"和"耳虫"是非常不同的，前者是处于主动学习思考的熵减状态，后者正好相反，是疲劳和丧失专注的熵增状态。所以，如果你经常体验到"内语"，首先明白这是正常的大脑副本，然后要知道这是在帮助你提升思考效率的好现象。而在遇到"耳虫"时，别强迫自己摆脱这种脑内循环（这就好像珠穆朗玛峰上有头大象。让你忘记这头大象，你忘掉了吗），不妨让自己休息一下，出门透口气吧。

多巴胺跷跷板：如何"骗"大脑去做困难的事

大脑是运用大棒和胡萝卜的高手。除了祭出心智这根大棒来做理性决策，它还会丢出多巴胺这根胡萝卜诱惑我们顺应感性、满足欲望。

多巴胺：快乐只是故事的一半

很多人称多巴胺这种神经递质为"快乐素"，无论是玩游戏、刷某音、吃高热量食品，还是创作、运动、学习，它都会一视同仁地释放出来，让我们快乐。但你有没有想过一个问题：为什么前几件事情在结束后快乐的感觉会消失得特别快，同时还伴随着焦虑、空虚等负面情绪，而后者通常不会呢？一本新出版的名为《多巴胺国度》[2]的书给出了答案，但这本"硅谷新圣经"暂时还没有中文版，我们先一起看看里面的核心知识点。

多巴胺确实能带来快感，但这只是故事的一半。神经生物学家发现人脑产生快感和痛感刺激的区域其实是重叠的，每一次多巴胺产生快感的同时，我们也会感受到一定痛感。以大家钟爱的"快乐水"为例，每

---

2 英文版：Anna Lembke, Dopamine Nation: Finding Balance in the Age of Indulgence (2021). Dutton Books.

一口喝下去感觉爽的同时会有刺痛感，这种混合的刺激感会迅速消失，然后我们迫切需要补上一口、又一口……为什么会停不下来呢？因为快感和痛感失衡了。研究结果显示，人脑的神经系统会自动平衡快感和痛感，以此让身体逐步回到初始的状态。这个机制就像一个跷跷板，当我们在娱乐时，跷跷板便会向快感的这边倾斜，这时神经系统会释放一些痛感，如果我们没有接收到额外的刺激，等对等的痛感释放完毕，这个跷跷板就回至平衡状态——这在生理学上叫作体内平衡，有冥想习惯的朋友应该很熟悉。

体内平衡是一个自然的、健康的过程，因为平衡过后，我们便能重新体会到快感了。问题是当我们在刷某音、喝可乐时，快感来得太快、太密集，痛感还没来得及释放，就被接踵而至的快感淹没了，神经系统只能持续释放痛感。而这时我们身体的感觉是：产生想要更多的欲望，并夹杂着波浪般的焦虑；为了缓解焦虑又会加码更多欲望，再用更多的欲望来缓解更多的焦虑……反复加码循环后，快乐上涨到阈值不再增加了，而焦虑却会长时间待在跷跷板上——这也是快乐的代价：多巴胺导致的上瘾。

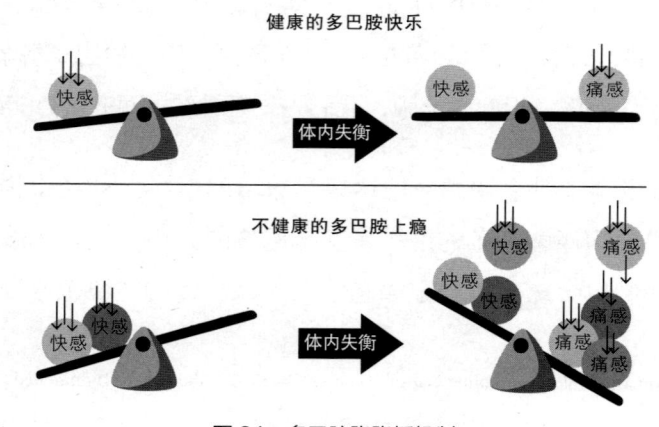

图 24　多巴胺跷跷板机制

最后我们向多巴胺索取的，已经不再是快乐，而仅仅是逃避痛苦。多巴胺上瘾既然是上瘾行为，自然也能戒，作者在书中的建议是：如果某个快感行为已经影响到生活，最好的恢复方式是戒断一个月，让大脑的激素自动恢复平衡，生活也能恢复平静。而长期追求低级快乐带来的快感，最大的问题是它会让人进入多巴胺枯竭的状态，以至于很难有动力做一些稍有点困难的事。比如，早上一睁开眼就刷某音，绝对会让你连起床都变得无比困难。

在工作中利用多巴胺

好了，既然现在了解了多巴胺背后的神经机制，那我们是不是能利用这个机制的原理，反过来让多巴胺帮助降低焦虑，推动我们愉快地去做一些困难甚至有点痛苦的事呢？当然是可以的。

说到"痛苦"，先来点想象：你身边有一个放满14℃冷水的浴缸，现在让你躺进去坚持1个小时，然后你会很快乐。干不干？

"当然不干啊，太痛苦了！"

在2000年的一个实验里这件事发生过。在一篇发表在《欧洲应用心理学期刊》、名为"人在浸泡在不同温度水中的心理反应[3]"的论文里，研究者招募了一群志愿者，让他们分别浸泡在32℃、20℃和14℃的水中，结束后给每组志愿者采集血样后发现，被分配到14℃的10名志愿者的多

3　原文标题为：*Human Physiological responses to immersion into water of different temperatures.* 发表于 *European journal of Applied physiology.*

巴胺水平相比对照组平均提升了2.5倍——对，正如多巴胺跷跷板机制的原理所描述的，当我们先在痛感那头施加压力时，身体便会自动用"快感"来平衡这个跷跷板。这就是为什么有人喜欢洗冷水澡，还有人对冬泳上瘾。

这是第一个利用多巴胺原理的方法：在打算以专注状态开工前先给自己来一点轻微的痛感，可以让多巴胺水平自然升高。

注意，痛感不能太高，否则又会回到反向的不平衡状态。比如，洗冷水澡对目前的自己太痛苦，那就用冷水洗个脸、冲下手。很多人也都有这样的体验，在用冷水拍过脸后注意力会高度集中，并且充满做事的动力。这个原理也能应用到生活的其他方面，比如间歇性节食或素食。如果你特别喜欢吃肉，可以试试每个月来一两次全日素食，这种偶尔给自己施加的轻微的不舒适、不习惯，能收获身心平衡的愉悦。

运动健身更是这个方法的最佳诠释：在我们撸完一组铁、跑完一次步后，除了多巴胺，我们还会收获比其他活动更多的内啡肽。内啡肽这种激素在生理止痛的同时，会带来和多巴胺的愉悦感不同的宁静感和充实感，可谓是双倍的快乐。充分做完健身后，人其实是不会特别累的，反而会在一段很长的时间内充满动力。如果这时候进入学习，专注效果会非常好。

这个先"痛感再快感"的方法和先"快感再痛感"相比，最大的不同是不会累积焦虑，而会释放焦虑。所以在生活中可以试试先找到一件容易操作、能体会轻微痛感的事，在慢慢熟悉这个感觉后，再去尝试更困难的事就轻松多了。

下面说第二个利用多巴胺原理的方法：在一堆事务的列表中，先做困难的，再做简单的。

工作时有些事是先做后做都可以的，这时候应该借助还有点库存的多巴胺先做困难的事，让困难的事促使身体分泌更多的多巴胺维持动力。比如，我每天要完成写一小节的任务，比较困难的部分是厘清内容逻辑和完成写作，相对简单的部分是制作插图。虽然这两个部分哪个先做哪个后做都行，我还是选择先做比较难的部分。如果反过来，可能随着多巴胺的消耗就撑不住日复一日地写作了。

最后分享一个和多巴胺相处的方法，就是主动延迟消费多巴胺。

我们都有过这种"突然想要"的经验，比如半夜突然很想摄入高热量食物，恨不得立刻打开冰箱找点东西塞进嘴里，但如果等几分钟又好像没那么需要。这就是我们惯性认知的天性部分在向大脑索要主权，这时候我们就要用理性认知思考一下："我晚上吃了多少？摄入是不是太少了？"如果答案是否定的，就不能被天性牵着鼻子走，应该留出空间平复一下多巴胺驱使的欲望，等待跷跷板自然回到平衡状态。

综上所述，多巴胺是好是坏，取决于我们如何和它相处。

在今天这个高度追求快速享受的时代，我们能做的就是管理好自己的多巴胺，借助它本身的特性，在不过度消费它的前提下充分享受亲情、友情、爱情、学习和创作的乐趣。当多巴胺能为你所控时，它便成为熵减践行路上的得力助手，希望读到这里的你能获得这种充满自由的快乐。

第六章

复杂关系的熵减指南

你将从本章了解到

为何有的人是恋爱脑

如何彻底走出失恋的阴影

面对过多无效社交该怎么办

如何识别身边的思维害虫

给恋爱中的你：别成为熵值爆棚的恋爱脑

在现实生活中，我们内心一部分精神熵必定是由各种不良的复杂关系塞进来的，对有的人来说甚至是绝大部分。本章就先从亲密关系中的老大难恋爱脑开始。

前一阵我在追陈坤和辛芷蕾的一部商战职场剧《输赢》。其中一集有这么一段：号称"南周锐""北骆伽"的两人分别在互相竞争的IT公司担任销售总监，很俗套也很自然地，他们在竞争中彼此欣赏，走到了一起；而在关系变了以后，骆伽却无法接受在一次司空见惯的商业较量时中招落败，大骂周锐是"骗子"，完全忘了双方的职业身份都是代表各自公司的利益。

看到这里我突然发现：这姑娘怕是恋爱脑上头了。她没意识到自己的指责正在将亲密关系和职业标准混为一谈，失去了以往的公私分明和客观理性。久经沙场的老手都会因恋爱脑心智下降，何况我们这些普通的打工人。

为什么有人会陷入恋爱脑

那么，恋爱脑到底是怎么回事呢？

先说一本很有名的书，大家可能都读过或知道，叫作《稀缺：我们是如何陷入贫穷和忙碌的》。作者塞德希尔·穆来纳森（Sendhil Mullainathan）讲的"稀缺"这个概念，简单说，是指一种造成"又穷又忙""越忙越穷"恶性循环的心态。这种心态怎么来的呢？他举了一个自己做过的观察实验案例，实验的对象是印度的蔗农。

和全世界的务农者一样，在收获季节前夕这些蔗农的经济拮据也到了顶峰，经常被当下的生计牵动情绪，每天心事重重。在这种情况下，他们的心理状态也有肉眼可见的变化，缺乏耐心，目光短浅，遇到一件事，比如如何利用好分配的资源，无论从判断力、行动力、自控力，还是执行力看，都显得心智意向性层级特别低。而有趣的是，当过了收获季节，他们的收入大大增加后，这些蔗农的认知水平和决策质量也随之提升了——情绪稳定，思路清晰，能按照规划好的目标快速反应，懂得如何聪明地利用资源，为自己谋取更大的利益。这个现象说明，贫穷造成的稀缺感，会让人把当下的注意力全部用于应付"眼前重要而紧急"或"不重要但紧急"的事，同时不得不挪用本应用于解决"长久重要但不紧急"的资源和精力，长此以往便降低了心智，做出很多对未来不利的决定。

现在我们来看恋爱脑。恋爱脑的人也有稀缺心态，但稀缺的不是钱，是爱。这里又不得不提到"万能"的原生家庭论了。每当幼年的自己极度缺乏安全感，而被疲于生计的父母忽视时，就是我们感觉到缺爱的时候，这种稀缺感就会让我们把注意力都放在搜集"被爱"的信号上。这种惯性会一直延续到成年。开始恋爱后，有些人，特别是感受过激情期的人大多会进入恋爱脑模式，因为激情期的特点就是双方荷尔蒙不断互撩，这个阶段双方给彼此的关注度都是令人满意的。但在激情慢慢回落、逐渐消散的一刻，在恋爱脑的脑回路里就出现了"爱会消失"的恐惧。

说白了，恋爱脑是对自己的认可不足，以至于把自我价值全寄托在对方身上——在这样的状态下，内耗导致的精神熵必定会激增。要解决这个问题，也得从注意力入手。在稀缺感强烈时，要么降低期望，要么转移注意力，后者更容易做到。其实，除了把注意力放在对方身上，还有很多能得到"被爱""被认可"的事可以做。伴侣是很重要，但他不应该是我们获取认可的唯一来源，因为所谓自我价值是自己主动创造、自己欣然认可的。比如，你今天救助了一只流浪猫，就是在产生自我价值；你今天帮一个朋友解决了难题，也是在产生自我价值；你今天拍了一张漂亮的照片，让人一看就感到很开心，这就是自我认可。

至于那个他认不认可，其实不重要，因为"认可"对自己的重要性取决于角度。如果你做了一件事很开心，那个人从他的角度不认可，很漠然，只能说明他分享不到，很可惜。恋爱脑虽然不完全是我们自己能控制的，但长期来说，的确对亲密关系没什么帮助，而提升自我价值就一定会对自己有帮助，也会在关键时刻对亲密关系有帮助。

恋爱脑的扭曲形态：病理性迷恋

上面说的恋爱脑尚在正常范围内，最后特别想提一种需要真正重视起来、也是精神熵爆棚的恋爱脑，学名叫作"病理性迷恋"，也就是我们常听说的虐恋倾向。

病理性迷恋是那种看起来很美，其实很危险的东西。我第一次听到林宥嘉那首《浪费》时曾一哆嗦，别人觉得歌词很浪漫、很痴情，我听到的却是一个病理性迷恋者的自白。病理性迷恋不是健康的爱情，它的真面目是受虐性亲密关系。在严重的病理性迷恋的状况中，个体会不自知地挑选一个没有能力，或者没有意愿回应自己的爱的人作为爱的对象。他们往往觉得自己可以为了这个不和自己互惠、相爱的对象，完全牺牲自身的所有利益，甚至可能为了短暂地与迷恋对象产生联结，还会做出那些至关重要的人生决定，比如搬迁、结婚、生育、放弃计划的事业，等等。

如果你觉得自己可能属于病理性迷恋，请切记不要在这段迷恋期做出任何至关重要的人生决定，尤其是在极度愤怒的时候。如果你有控制这种无止境迷恋的意愿，可以试着强迫自己和所迷恋的对象进入一个彻底分离的状态，这样也能在一定程度上剥离迷恋。同时请清楚一点：病理性迷恋关系也有可能慢慢发展成长期稳定的亲密关系（虽然这种情况很少），但这并不表示你和他不会分开，因为你很有可能一开始选择的就是一个不可能的人。但是在这个发展亲密关系的过程中，如果对方是一个安全型的、共情强的人，你的心智会得到成长；如果最终还是出现了任何你不想要的结果，也请接受它；如果发现自己实在无法接受，请接受专业心理咨询师的帮助。

陷入重度的恋爱脑模式不仅会令自己胡思乱想、精神熵爆棚，还会把这些熵带到对方身上，使双方都不堪重负。一段健康的亲密关系是处在独立和依赖之间那个中间地带的，找到两个人都觉得舒适自然的那个区域，也是感情中最重要的功课之一。发现自己的价值，保持适当的距离，努力先成为那个平和的、低熵的伴侣，这对于任何类型的另一半来说都是天然的、他人无可替代的吸引力。

给走不出失恋的你：一个硬核办法请收好

相比如何好好谈恋爱，如何应对失败的感情是个更值得探讨的话题，因为失恋时的我们往往处于内耗的峰值状态。进入恋爱是自然而然的事，外部各种推波助澜，自己通常随波逐流。但失恋后能不能尽快走出来就真的是纯靠自己了，外部很难雪中送炭。所以，幸福是自己的事，而如果你不幸失恋了，我希望能帮帮你。

作为一名死理性派，我要分享的方法可能会让你觉得很冰冷，但经过多人测试都反映很有效，不过它也有个副作用——就是太有效了，实践一段时间后，你不会再对这个人念念不忘，真的没有然后了。如果你还处于犹犹豫豫要不要复合的阶段，就先不要看，这个方法只适合已经"物理上"彻底分开，但情感上还是走不出来的失恋者。

做一张锱铢必较的思维导图

既然是熵减指南，这个方法也是简单直接。俗话说——遇事不决，思维导图。

首先你需要做一张简单的思维导图，可以照下面的范例，手画或在 Word 里创建，也可以去下载一个思维导图 App，比如 XMind、MindMaster。建议用 App 管理，方便随时添加、随时查看。然后，一级主题写：为什么这个人不值得我浪费感情。

再建立一个二级分支，列出几个主题——外在、内在、三观、家庭、生活，接着就开始记录啦。

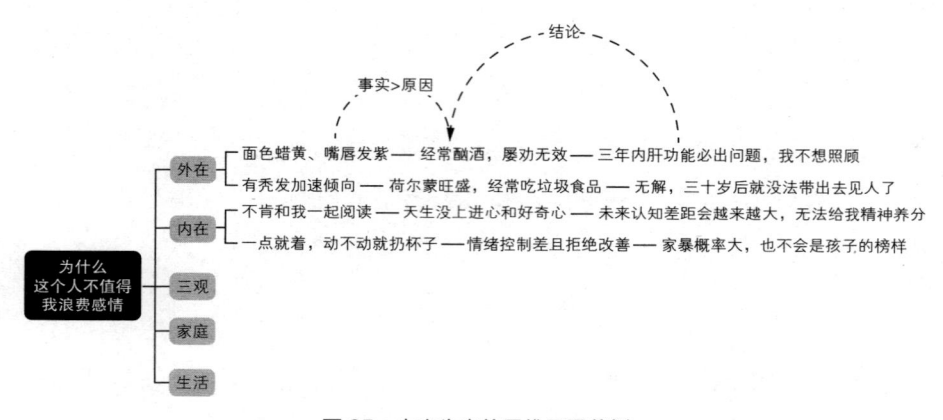

图25　走出失恋的思维导图范例

在每个主题下，写出你对他不满意的点，每个点后面再展开两点，分别写下原因和结论。注意，这些例子要么是已经发生过的，要么是曾经在你脑海里反复出现的，但当时"为了爱"说服自己它们不重要但其实还挺介意的事。

在二级主题下记录的每一个例子都遵循从"事实"到"原因"，最后得出"结论"的逻辑来展开，你也不要觉得记那些鸡毛蒜皮的事显得自己很小家子气，很计较。"他有时很抠，对朋友比对我大方"，写！"他不好沟通，总是小题大做"，写！总之，越细越好。

真要这么计较吗？其实你试了就知道，在刚开始写的时候，你可能都想不出来几个不满意的点。刚失恋时你的大脑还对那个他有记忆加成，你的认知系统在帮你美化那个人，同时通过自我归因来让你反思——虽然反思是必要的，但不是现在！当你还处在一想到他的音容笑貌就心情复杂，对过去他施舍的小恩小惠心存感激，然后想到自己和这些再也没关系了，便开始心痛流泪、抑郁颓废的时候，任何反思都只是在合理化你的放不下。

一段感情的结束当然双方都有问题，每个人都有好的一面，也有不好的一面，但在刚失恋就进行客观的审视，只会将你带到自我归因再自我否定的沟里去。虽然任由这个过程发生也不是不行，每个人失恋了都能慢慢自愈，但可能要一年甚至两三年，严重影响你开始下一段感情。在这张思维导图上只记录不满意的点，就是为了只记住他的不好，把你先从失恋的阴影中拽出来再说。

要知道，大部分失恋不会像歌里轻飘飘唱的，只是"一场情绪感冒，很快就过去了"。这个病不轻也不重，足以让你无法正常分泌激素，体内好几个激素水平远远偏离正常值，然后免疫系统失调——哦，这时候确实容易感冒。然后，你的大脑也无法进行简单的认知思考。如果你是上班族，你承担工作压力的阈值大大降低；如果你是学生，考试不要考了吗？刚失恋的你，对他人的任何言行的敏感度都上升三个级别。你失眠、丧失食欲或暴饮暴食的同时，还得维持正常社交，见老板、见朋友、见新认识的人。你说，你得花多大力气才能勉强将生活维持正轨，这时候大脑还要逼你客观、自我归因？开什么玩笑！记住，这时的你一定要先向外归因。

所以，好好做这张思维导图，完成后存在手机里或上传到云端。三个月内只要你一发觉自己开始脆弱、控制不住又开始美化上段感情，或者又想起他时，就把这个掏出来看看，必要时边看边念。失恋从来都不是一个逆来顺受的过程，失恋是一场战斗。你要对抗的，就是这三个月内每一次趁你没有防备偷偷袭来的负面情绪，而你最强有力的武器，就是坚定地嫌弃。

三个失恋后不回头的贴士

再强调一次，别因为只写对方的不好，就觉得自己小心眼、不善良，记住——他最大的魅力，就是你的想象力。这份思维导图唯一的目的就是帮你尽快走出来，也别去上什么情感疗愈课，或者花冤枉钱算八字。嫌弃，就请嫌弃到底，自己执行就够了。最后，再补充三个贴士。

- 无论你多难受也不要借酒浇愁。原来就喜欢喝酒的，这三个月内戒酒精，远离可能引发酒精摄入失控的场合，比如夜店、派对。酒精会让你在情感支配下"想太多"又"想不明白"，导致之前一切理性的努力前功尽弃。

- 在你感到孤独无助时就摆出一个"直男姿势"，哪怕你是女生。什么叫"直男姿势"呢？就是直直地坐，双腿叉开，双肩打开，下颚抬起，越拽越好。因为你的肢体语言会影响你的情绪，一个爱谁谁的姿势，能让你感觉变好。

- 如果想哭，那就哭，但设个闹钟，就哭 5 分钟。5 分钟后站起来，双手叉腰，双腿打开，下巴仰起，挺起胸，想象自己是一个五百强企业的老总,然后掏出手机,看一看你做的这张思维导图。三个月里常写常看,当像考试背重点那样烂熟于心时——叮咚!你会惊喜地发现,"我走出失恋了!"

最后想说的是,虽然这份走出失恋指南可能很有效,但它只适用于应急。失恋是人生挫败经历的一种,和任何其他类型的挫败(比如失业、破产)一样,打赢这场战役不是最难的,最难的是之后怎么走。这个问题的答案,我想,读完全本书之后你自然就有了。

给社交苦手的你：如何做一个"社杂"青年

好的社交能为我们带来负熵，反之则带来的是让人压力重重的人际熵。这些年我们发现身边"社恐"（对社交恐惧、忧虑）的人越来越多了，"社交10分钟，充电2小时"这样的话曾几何时也不再只是调侃。尤其对于从小就通过网络和表情包才能顺畅交流的新生代，面对面的社交有时会让大脑一下负载过大，不知所措，尤其在面对陌生人时。应对这种压力，一种很具新生代特色的方式便是化身"社牛"（对社交不胆怯，沟通游刃有余，与"社恐"对应）达人，但这里面有多少只是换了一副面具呢？

"社恐""社牛""社杂"

先问个问题：你觉得自己是"社恐"还是"社牛"？

如果你没法毫不犹豫地回答，那我再来灵魂拷问一下，请先回答下面的问题：

- 当在电梯里遇到认识但不熟的人时，你会低头假装刷手机吗？

- 当看到别人当着你的面窃窃私语时，你会止不住思来想去吗？

- 当和别人约好某个休闲活动时，出门前你有没有经常想反悔？

如果三个都中，那你可能确实有点"社恐"问题，但这只是症状。真正医学诊断标准上的"社恐"需达到对任何人、在任何场合都有以上症状，且持续6个月以上，同时发作时会伴有恶心、心悸、胃部抽搐等痛苦的生理反应。

再来看看"社牛"——无交友门槛的自来熟、海王式的放飞社交、百科全书式的聊天、无视周遭眼光的自信。在医学上是没有"社牛"这个词的，比较接近的定义是"表演性人格"，过度了就是"人来疯"，疯过后会瞬间低落是"双相情感障碍"。虽然很多人羡慕"社牛"那种"只要我不尴尬，尴尬的就是别人"的自在，但它有时候也是副面具，很多行为上明显失控的"社牛"，其实是"外向型社恐"的一种保护色，为了掩盖自己特别在意他人眼光的反向操作。

现在你再问下自己："我究竟是不是'真社恐'或'真社牛'？""我是无差别地害怕社交，还是有选择地拒绝无效社交？""我是不分对象地疯狂输出，还是只有到了自己的话题主场才表达欲爆棚？"

如果你判断自己更多的是在两者之间跳来跳去，那恭喜你，你可能就是下面要说的"社杂"青年了。

在职场与家庭之间、在死党或长辈面前，"社杂"青年的社交人设可以根据场合在"社恐"和"社牛"间自如切换。对于"社杂"体验也有网友表示：自己并不是什么"社恐"，但是一到陌生环境就无法自理，忍不住紧张、脸红，甚至焦虑。但如果有朋友在身边的话，就瞬间变身

"社牛"了，笑声比喇叭都响。

老实说，你是不是也这样？

"社杂"青年主要产自90后、00后的年轻一代。和父辈们相比，这些新生代的个人意识空前觉醒，他们更关注自己内心的感受，不愿迁就他人而委屈自己，也不愿迎合别人而刻意表现。体现在社交态度上就是，遇到聊得来的人就多聊几句，全情投入，真诚满分；遇到聊不来或者不喜欢的人，他们不想强迫自己去耐受尬聊。尤其对那些偏内向、内在自给自足的人来说，腾出时间和精力进行不乐意的社交，本身就是一件特别消耗自己的事情。

试着切换社交模式

而这种社交态度对于在高度集体化的生活中长大、"大厂大院都是兄弟姐妹"的60后、70后父母来说是难以理解的。比如过年的时候，父母迫不及待地开启走马灯串门的模式，而这代年轻人对串门的热情远不如对交流如何应付奇葩亲戚的心得高；父母精力充沛地呼朋唤友去爬山、逛街、跳广场舞，而这代年轻人的快乐是三五好友约个酒、搓个麻将，人少没关系，关键人要对。

每年一到逢年过节，就有高情商过某节的指南满天飞。什么"回应烦人亲戚的万能话术""走亲访友如何避免尬聊"之类。这些技巧性的贴士不能说没用，只是没有必要。因为很多时候，尤其像过年这种场合，成长背景带来的代际观念差异比你想象得大得多。别想着以理服人，也别想着真情换理解，与其研究那些情商指南，不如简单点，早日将自己修炼成一个熟练的"社杂"青年吧。

当不想妥协自己的时候，你就是"社恐"。告诉爸妈"今年工作压力太大，待在人多的场合就不自在，让我慢慢调整吧"，然后"社恐"外套一披就蹦跶回自己的世界。用"我害怕"来包装"我不愿意"，悄悄退出无效社交，无须过招，轻松快捷，还顺便给了对方一个台阶。

为什么切换成"社恐"会有效呢？因为我们在婴幼儿时期都是"社恐"。那时我们大脑中的神经元没有发育完全，基本只能以自己为中心，无法根据环境调适自己。当父母看到我们"社恐"时，他们即便再疑惑、再不满，被记忆唤起的本能反应也会要先保护我们。

为什么一些社交让我们想逃

一些社交让人想逃，甚至不惜为了逃避，训练自己切换模式，说到底是因为我们所处的这个人情社会的社交界限一贯模糊。

社交在本质上可以分为两种：一种是"共情社交"，一种是"互利社交"。前者指的是提供情绪抚慰、排解无聊，或基于共同兴趣产生的社交，比如失恋时需要人倾诉、逛街时需要人陪伴、打球时马上想到某个同样热爱运动的球友等。后者则是指在互相欣赏对方某种品质或能力的基础上发生的社交，比如一起聊天时会交换各自领域的信息，交流内容有营养而不是各说各地闲扯，有事时能够互相帮助而不是单方面索取。两种社交之间的最大区别是："共情社交"不挑人，但价值低；"互利社交"挑人，但价值高。而我们也都能看到，身边那些越独立、心智越成熟的人，越是对"共情社交"不太在乎，因为这些人有完善的人格和社会生存能力，他们内心能自给自足，情感能自我排解，不太需要仅为打发时间而开展低价值社交。

那么人情社会的社交问题在哪里呢？就是太多人和你之间是"共情社交"的关系，但总对你提出"互利社交"类的要求，且觉得理所当然。比如你是一名设计师，十有八九会有这种朋友找你设计个LOGO，不但免费得理所当然，还会说"不就是点几下鼠标嘛"；你在国外留学，那些平时不往来的亲戚突然在你快回国前"冒出来"，找你代购，不仅不给代购费，超过免税额的部分你还要自己缴税并"人肉"扛回来。

这些分不清社交边界的根源在于，它其实与我们这片土地上的传统文化观念是一脉相承的。"在家靠父母，出门靠朋友""朋友不就是要互相麻烦的嘛"……在这些普遍流传的观念下，所谓经营人脉就是到处交朋友、套近乎，先建立"共情关系"，为的是在提出"互利关系"层级的要求时，你为了不背负"不会做人""不懂情分""不够朋友"的名声而不好意思拒绝。让这种情况变得更严重的是，我们身边大多数人根本就一直将两种社交混为一谈，甚至认为边界不清才是对的人际关系，才是有人情味的——这让一些人，尤其是那些自身已经有一定积累或成就的人对这种不清不楚的、让人喘不过气的社交唯恐避之不及，但经常因不被理解而苦恼。

这种情况在这个大环境下一时半会儿改变不了，但我们自己要有个意识：对于"共情关系"的朋友，我们只能心安理得地提出共情类需求，比如伤心时请他陪你喝酒、听你哭诉，开心时抓着他一起疯玩。但当涉及"互利关系"的需求时，就应该按照互利社交的界限去和对方沟通。比如，你计划出远门，需要朋友帮忙每天大老远来你家喂一下猫，这时你应该提出按猫舍收取的费用付给对方，即使对方说举手之劳，不用放在心上，你心里也要清楚这不是理所应当的，要记在心里感谢他。而如果对方拒绝了你，你也应该明白，作为"共情关系"的朋友，他没有义务为你提供"互利关系"的帮助，这不应该影响你们日后继续做朋友。同样，当你遇到他人提出超出界限的要求且对方自身还没有意识到时，请清楚自己完全有资格毫无内疚地拒绝他，而如果对方因此指责你……趁机断掉这种关系，其实你这是在给自己做人际熵减。

客观地看，"社杂"青年都是人间小清醒。他们并不是真的恐惧社交，也不是真的需要被关注，他们只是想回避这个复杂聒噪的人情社会中那些以"社交"之名产生的蓄意打扰和利用。无效社交是生活中熵增的主要来源，而且我们出于各种顾虑，很多时候无法任性脱身，所以为了自己内心的秩序，请学习做一个界限分明的"社杂"青年吧。

给卷入恶性竞争的你：警惕身边的"幼稚社达"

职场是一个高熵培养皿，里面总会充斥着各种擅长给他人带来内耗念头的害虫。如果你是一名职场人，身边多少会存在这么一类人：他们坚信只有最强者才能生存的丛林法则，同时又持有一组看似矛盾的观念，把别人的不幸归结于咎由自取、你弱你活该，轮到自己遇到同样的事时便是抱怨遭遇不公和阶级固化。他们能心安理得地把操纵别人看作可以接受的取得成功的途径，只反对别人压迫自己，但不反对自己压迫别人——这就是接下来要重点提醒你警觉的**"幼稚的社会达尔文主义者"**（Naive Social Darwinism），简称"幼稚社达"。

内心扭曲的"幼稚社达"

"幼稚社达"，为什么说幼稚呢？因为他们"弱肉强食"信念的背后有一种类似于精神分裂的思维，一方面痛恨权力，一方面又崇拜权力，一方面反对不平等，一方面又合理化不平等，有着非常混乱、不稳定且脆弱的自我认知。这种奇妙的心态折射出的是这类人的现实社会处境：认为自己持有顶层规则制定者的观念，但自己并没站在食物链顶端，其实还处于中下端甚至更低。

毫无意外，这样的分裂思维必然会导致部分心理功能失调。来自波兰科学院和华沙大学心理学系的两名学者，皮奥特·瑞德奇维茨（Piotr Radkiewicz）和克雷斯蒂娜·斯卡瑞斯卡（Krystyna Skarzynska）2021年在网络学术期刊 *PLOS ONE* 上发表了一个有2933名参与者的多项人格测试[1]，结果发现：

- "幼稚社达"在"大五"（Big Five）人格量表中宜人性得分低，意味着他们缺乏亲社会行为、不信任别人、口是心非、无法妥协；

- "幼稚社达"在"暗黑三体"（Dark Triad）人格量表中得分高，意味着他们是权术主义人格，具有自私、不信任他人和虚伪的特征，且缺乏同理心和同情心；

- 在"依恋类型"（Attachment Style）测试中，"幼稚社达"显示出恐惧依恋风格，通常会因为害怕被拒绝而避免亲密关系，并且自我接纳程度低、敌意水平高。

对此研究者们表示："幼稚社达"对他人的敌意和对权力的追求，可能是一种心理补偿策略，这个群体的内心深处一直觉得自己缺乏社会认可，因此必须做出一些反应，但他们知行不合一的做法却给自己造成更多的社会疏离感和被排斥感，从而形成一个恶性循环。

---

[1] 发表该结果的论文题目为：*Who are the 'social Darwinists'? On dispositional determinants of perceiving the social world as competitive jungle.*

别让"幼稚社达"拖你下水

为什么这里要专门讲一下"幼稚社达"呢？因为在这个内卷白热化的现实中，这种倾向的人必定会越来越多。他们往往能将普通竞争搅为恶意竞争，享受不择手段达到目的的快感且事后不会有负罪感，同时很善于PUA（精神控制）他人，容易让初涉职场者或本性善良的人感到他们很有魅力，产生他们是强者的错觉。如果你内心不够强大、思维不够独立，就会不自觉地去追随那些魔性的意见，而和"幼稚社达"靠太近就像玩俄罗斯方块，一旦去和他们"合群"，你就会被"吞噬"，然后"消失"。所以，当你与这样的人在一个团队中共事时，要非常小心被这些煽动情绪的高手当枪使、做炮灰。

即使没有利益纠葛，"幼稚社达"的扭曲思维也能轻易把身边人拖下水，其中一个典型的现象，就是一个人作为前辈会习惯性批判某人是"学生思维"。在他们眼中，"学生思维"意味着过高的道德水平，代表着无知、幼稚、好利用、易欺骗。他们以自己的无下限为荣，以"学生思维"的高道德为耻，认为这种思维是一个人在社会上弱小的体现，极力踩踏和贬低还未被污染的新人。

但人类社会毕竟不是自然界，人也不是动物。达尔文《进化论》中"适者生存"的核心思想，其实指的是自然生态下物种的本能行为。人是有意识、有思考的，内卷再白热化，社会依然有着自我调节的能力，"适者生存"对个体来说更多的不是杀遍对手，而是主动寻找更适合自己的栖息地。

"幼稚社达"长期的固化型思维惯性不可避免地影响了他们在工作生活中的直觉和下意识行为，和这些人频繁接触会让你也变得越来越偏执，无法用开放型思维思考，带着存量信念和红灯惯性行事。更危险的是，"幼稚社达"一直有"要给人上一课"的冲动，一旦有机会便会毫不犹豫地伤害身边的人，以此来证明自己这种思维的正确性，而这时的你受到的则是价值观和心理上的双重暴击，搞不好就会怀疑人生——但如果你已经被洗脑了，可能还会将其视为一种"成长"。

总之，如果你遇到"幼稚社达"，不要掉以轻心，如果情况允许，请避免纠缠，立即远离。如果情况不允许，比如你们不得不在一个团队中共事，那在极力避免被同化的同时你要有意识收集他操控自己的证据（比如来往邮件或微信消息），以便在对方突破你的底线时有筹码说"不"。如果对方很不幸还是你的上司，那你要认真考虑止损，哪怕另谋高就也在所不惜，不要幻想"幼稚社达"型领导会有所改变。在你一步步迈向更高的阶层时，就会发现真正的强者和那些毫无底线、口是心非的"幼稚社达"大相径庭，持有这种有害思维的人其实走不高也走不远。到了那个时候，你自会有自己的判断，但在这之前一定保护好自己。

好了，中篇到此结束。在下篇我们将一起继续探讨一个投入的和有意义的人生是什么样的。我们先从进入"心流"——一个波澜壮阔的负熵世界开始。

下篇

拥抱更高级的快乐

:

对生命胸有成竹的人，内心的力量与宁静，就是内在一致的最高境界。

方向、决心加上和谐，就能把生命转为天衣无缝的心流体验，并赋予人生意义。

——米哈里·契克森米哈赖（Mihaly Csikszentmihalyi）

《心流：最优体验心理学》（*Flow: The Psychology of Optimal Experience*）

第七章

心流：无与伦比的负熵体验

你将从本章了解到

心流是什么，进入心流到底是什么感觉

为什么通过游戏获得的心流有成瘾性

如何将自己做的事改造得符合心流原理

如何提升对专注力的控制

如何通过感知自己的心理状况判断离心流有多远

能轻松进入深度心流的高手是什么样的

什么是"沉浸的人生"

"反心流"的现代生活

欢迎来到下篇！还记得第一章中提到的幸福三角吗？那"沉浸的人生"究竟是什么样的呢？答案便是有心流相伴的人生。

"心流"（Flow）的提出者契克森米哈赖教授是积极心理学（Positive Psychology）的两名奠基人之一（另一名是曾提出习得性无助的宾夕法尼亚州大学心理学教授马丁·塞利格曼）——当然，心流也是积极心理学理论中的核心构念。

契克森米哈赖早年人生可谓曲折，二战时期他跟随家人从祖国罗马尼亚逃往意大利，童年在炮火中度过，青年时移民至美国攻读心理学，跟随的导师是如雷贯耳的卡尔·荣格。在取得博士学位后，契克森米哈赖确定了自己一生的研究方向：为什么同样经受过战乱打击、同样处于失控的人生阶段，有的人非但没有倒下，反而表现出更专心致志投入生活的状态。正因为在人生低谷时受到他那些直击人心的研究启发，我才在前些年开始探索心流，并发展出你现在看到的这套认知熵减框架。我不止一次地想象过有一天和他老人家面对面探讨，但遗憾的是，这本书还没写完，却得知了他去世的消息，我日后只能从他留在世间的珍贵文字中追寻星光了。

读完上篇和中篇的你，应该已经对日常如何应对精神熵、降低内耗有心得了，下篇我们一起升个级，探索心流这种更高级的快乐。负熵的心流是内耗这种高熵体验的反面，可以说内耗让人有多痛苦，心流就让人有多快乐。这里看上去有个矛盾：复杂不是会导致熵增吗，为什么反而会产生心流？当我们把视角拉得更高些时，我们便能看到区别了——**心流来自复杂中的井然有序，内耗来自复杂中的混乱无序**。而我们在前两篇开展的熵减践行，是先将各种复杂降低（只专注一件事、减少信息熵、人际熵、环境熵的干扰）来获得简单中的井然有序，为进入心流的世界打好基础。

说到降低复杂度，是不是就是将生活简化到几乎无事可干呢？绝对不是——无所事事不仅不会熵减，反而会因无聊产生大量无关念头而急剧熵增。熵减的核心是通过做一件有效的事，找到一个正好能驾驭这件事的平衡点。而到了心流这种最高层面的熵减（负熵），人便拥有了一种自如游走于复杂之间、能把任何无谓的念头挡在外界、不会自寻困扰的能力。

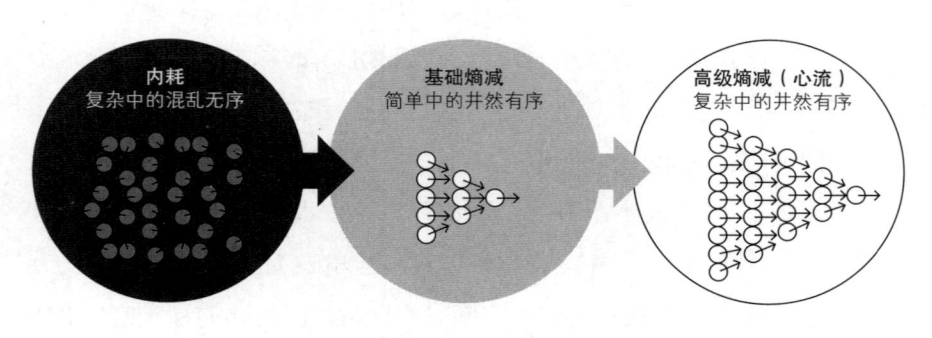

图 26　从内耗到心流

这个世界因复杂而绚丽，流淌着心流的内心也是如此。事实上，最大的心流都起始于一个极度无序和挣扎的境况，并产生于解决这些非同寻常的麻烦的过程中（就好像完成一幅10000块的超级拼图），这就是为什么对心流上瘾的人通常会拒绝不劳而获，这真的不是来自道德的约束。这种更高级的快乐来自对复杂的内外部世界的全方位掌控，是融合了投入和自律的人生——正如清华大学社科院积极心理学研究中心副主任赵昱鲲教授所说："那些能够整合无比复杂的人生、找到人生意义，整合无比复杂的世界、形成自己的世界观，整合无比复杂、经常是相对矛盾的价值观，形成自己的价值观的人，有最大的'大心流'。"

那么进入心流时究竟是一种什么感觉呢？

简单说，便是失去时间感、对周围环境的感知变得模糊、能感受到全部认知能量自动向一个方向高效率输出。在这种状态下不仅工作学习如开挂，而且更是不知焦虑、抑郁为何物。当手头任务完成、从心流回到现实时，人先是会有一种充满能量且延绵不绝的满足感，然后重归平静。由于此时内心熵值已降到最低，便会产生一种思绪如冰晶般通透、情绪如雪水般畅流的感觉——这是发生在大脑里的奇迹，也是任何外界奖励都无法提供、由负熵带给我们的深度自我取悦。

也许你会质疑：这是真的吗？怎么听起来像神叨叨的"大师"在谈玄学？我在最初读 *Flow: Psycholgy of Optimal Experience* 时（那时中文版还没出版）也是这个感觉，读着读着还是心动了（毕竟是想解决自己的问题），于是某天尝试了书中的部分原则，收回涣散的认知能量并将它集中在一个任务上，几天后已困扰自己一段时间的抑郁情绪明显缓解了，也不再动不动就"想太多"！过后我逢人便推荐心流，意料之中的，大部分人不会当回事，有的人带着怀疑的心态试了一下但也没有效果——自己亲身证实过的体验没法让他人重现，这也让当时的我有点挫败。但后来想明白了：对都市人来说，心流是一种难以获得的奢侈体验——事实上，它本身就不应该属于现代生活。

想想我们每天的生活是什么状态：时刻经受无数碎片信息的侵袭，注意力大面积匮乏，喜好被大数据不断计算，取悦自己的方式变得追求短平快；社会潮流变化迅速，今天得跟上热词梗，明天得跟上"自律给我自由"的风潮，后天发现别人都开始聊正念冥想、刻意练习了，不赶紧做点什么焦虑就不断上涨……天天都有崭新的、一看就很重要的目标出现，跟不上节奏是必然的。那怎么办？假装呗。办张健身卡假装在锻炼，每天打卡读书小组假装在阅读……这是花钱造人设？其实未必，我相信花钱的那一刻大多数人是真心决定要改变自己的，但早已学会走捷径的大脑一直在怂恿我们"假装"。

现代生活的特性就是"反心流"的，包括我们已经无法在大多数严肃事务上保持专注的大脑。这也是为什么契克森米哈赖在他书中提到能产生大量心流的例子都是些古老的活动，比如航海、下棋、打猎、攀岩——这些活动最大的特点就是无法假装专心致志，否则捕猎不成反被猎物捕杀。心流的涌现需要自由又充满变化的空间，但一方面都市浮躁繁杂的环境能轻易掐掉心流的萌芽，另一方面，人们日常所做的大部分功能导向的事又注定和心流背道而驰。于是心流几乎成了一个遍寻不着的都市神话，甚至有人把它看作一种唯心主义哲学，这实在是很大的曲解。

其实与其说寻找心流，不如换个词：重温。

幼年时我经常会被送去爷爷家住，那是一个粉墙黛瓦的苏式老宅，铺着飞檐翘角的瓦顶。每当下雨时，雨水便顺着青瓦沿汇成一粒粒晶莹剔透的雨珠滑落下来。可能因为看多了霍元甲或恐龙特急克塞号的故事吧，一下雨，我就会出神地盯着时不时滴下的雨珠，用"意念"放缓它们的速度，然后看准时机一掌劈出——"啪！"精准地把其中一滴劈得粉碎。这个大人看来很无聊的游戏，我能站在屋檐下玩几个小时。即使现在闭上眼还能体味到那种神奇的感受：当眼睛死死盯住接踵而至的雨滴时，确实会有一刹那某滴雨珠像慢动作一般从眼前划过，轨迹清清楚楚……

某个感官变得极其敏锐的心流体验在每个人的童年都有过，只是大部分人长大后不记得了，即使记得也不觉得是什么了不得的事。在继续后面的阅读之前，我想请你闭上眼睛用力重温一下小时候类似的记忆：玩沙子玩水、帮着蚂蚁搬家、在草地上打滚、看着变换形状的云彩肆意想象……每一个细节、每一点感受都不要放过。睁开眼后，你就会笑着说：原来心流的感觉我早有过了呀！

快乐的秘密：心流为什么那么爽

心流这个"黑盒子"

成年人毕竟不像孩子，对曾经拥有但忘记的体验很难相信，只接受当前的眼见为实。过去我无法说服他人认真看待心流，一个主要原因是这种体验就像个"黑盒子"——虽然我能告诉他人心流是什么感觉，但无法为这种感觉发生时的颅内变化提供解释。作为一名实证主义者，我又天生拙于仅凭想象就讲出一个足够打动人的故事，幸好这个缺口被皮克斯弥补了——在2020年的电影《心灵奇旅》中，心流状态第一次通过视觉的方式被呈现出来。当影片中梦想成为爵士音乐家的中学音乐老师Joe完全投注在爵士钢琴演奏中时，他忘掉了时间，甚至忘掉了自己是谁、身在何处，视野只聚焦在手指和黑白键之间，整个身体似乎和现实世界有一道屏障。电影是虚构的，但这个状态并不是皮克斯虚构的，进入心流就是这个样子。

一个更好的消息是，近年的神经科学研究终于也逐步揭开了这个"黑盒子"。

通过最新的核共振技术，这些科学家们对进入心流者的大脑进行了扫描，他们发现当被测者的专注度越来越高时，大脑前额叶皮层知觉系统中处理碎片信息的部分会被逐步管制。这时被测者的感知（视、嗅、触、味、听、呼吸、平衡等）对正在进行的任务越来越敏锐，处理越来越顺畅，感到一切尽在掌控——这就是第一章中所说的认知成长螺旋模式，惯性认知正在不断接管熟练后的复杂任务。在一本叫《盗火：硅谷、海豹突击队和疯狂科学家如何变革我们的工作和生活》的书中，两名作者——"心流基因组计划"创始人史蒂芬·科特勒（Steven Kotler）和从事神经科学研究"心流"状态应用的杰米·威尔（Jamie Wheal），通过分析脑波提供了以军人、科学家、创业家为实验对象的实证证据。他们发现进入心流的人会在关闭部分前额皮质活动时产生三种不同寻常的波：α波、θ波和更高级的γ波，分别对应着出神体验、排除干扰的深度思考和创造性思维迸发时的大脑活动。在这三种脑波的作用下，人的紧张感、焦虑感会逐渐降低，满足感会上升，而在他们没有进入心流状态时，脑波则主要是常规理性运作和保持对外部环境警觉的β波。

在更近的2021年，美国密歇根大学神经科学团队的一个关于意识网络的研究通过突显网络的关键节点——前脑岛深入解释了这个机制。前脑岛在感觉信息和意识通达之间起门控的作用，简单说，当我们感知到外界进入的信息时，它作为门卫决定是否帮助这组信息通过意识的关口。如果给予放行，这组整合了感觉、情绪和认知的信息会被大脑分配额外的注意力并标注为绿色通道任务，获得从认知系统到感知系统的全面配合——这就是契克森米哈赖所说的"控制自我意识"。

而在专注于处理这项任务的过程中，突显网络会通过一种叫作**动机突显**[1]的方式来激励产生理想结果预期的行为，随后大脑会大量传导多巴

---

[1] 动机突显（Motivational Salience）指的是一种认知过程和注意力加工形态，它激励或推动个人的行为朝向或远离特定对象、感知事件或结果。

胺、内啡肽、去甲肾上腺素、血清素、催产素和大麻素一共6种神经递质，也就是俗称的激素。说白了，心流体验的那些无与伦比的快感就是来自这些激素。这些激素各有功能：多巴胺带给我们兴奋和激情，内啡肽和大麻素能够强力镇痛和减压，去甲肾上腺素能让人感官高度敏锐，血清素会在饱食或高潮后带来舒缓和困意，催产素则能放大对他人的共情。

在一些复杂活动中，部分激素能协同作用，比如和朋友玩游戏开黑时，大脑会同时释放多巴胺和去甲肾上腺素，而陷入热恋时那种心跳则来自多巴胺和催产素。这些活动虽然已经足够让人愉快了，其综合体验依然无法和心流相提并论，因为——没有任何一种活动能像心流这样**同时释放全部6种愉悦性激素！**这种复杂的混合效果非常强悍，使得心流经常被誉为"巅峰体验"。

心流那无与伦比的快感

读到这里一定有好奇宝宝想问："这种快感到底有多强呢？"

这是个无法量化的问题，但可以参照各类行为释放的多巴胺强度来间接感受一下。

一些研究表明，我们在抚摸小动物时大约释放30个单位的多巴胺，打哈欠50，洗热水澡75，舒缓按摩能到95。然后，根据美国国家药物滥用管理所的数据：喝完一杯非低卡咖啡或全糖奶茶能让多巴胺最大释放到130，充分摄入高热量食物比如巧克力是155（和喝酒到微醺差不多），玩游戏可以到175（一个有趣的参照：如厕时一泻而下时释放的多巴胺为178个单位，和苦战后赢了一把游戏差不多），而很多人关心的性高潮在200左右（是不是没想象中高）。再往上，大多数都是不健康或违法的、必须与其划清界限的不良活动了：抽烟是250，中彩票是750～780，服用安非他命是1000，而摄入甲基苯丙胺（也就是臭名昭著的"冰毒"）能达到惊人的1250（人也废了）！

根据我自身和一些进入过心流的朋友的主观感受，若普通强度的心流，进入时获得的多巴胺比沉浸在游戏时略高一点，若在连续几个小时认知能量高度集中在一项高难度任务后，那种高强度心流带来的快感能提升好几倍，甚至有一种很爽的晕眩感——根据麦肯锡在2013年的一份报告[2]，这时候人的生产力能相应提升5倍之多！斯坦福大学神经科学教授罗伯特·萨波斯基（Robert Sapolsky）更指出：如果这项任务不仅难度高，而且充满新鲜的乐趣和冒险的特性，那么多巴胺能在极致专注的状况下飙到平时的700%——这几乎足足两倍于可卡因等化学物质带来的快感。这一点也不夸张，根据国外对一些承认曾使用过违禁药品的艺术家和运动员的心流访谈，这些人认为巅峰心流体验时（发生在突破性的创作和挑战极限时）的快感比摄入那些危险的化学物质更强。

换句话说，如果不想付出永久性损害神经认知系统的代价，也不能保证常常中彩票和坠入爱河的话，想获得强度高、持续久且对身体无害的快感，追求心流几乎是唯一的途径。而在日常生活中，一部分人也经常能进入心流。

根据契克森米哈赖团队的调研，大约有20%的美国人曾在全身心投

---

2 见麦肯锡官网。

入做一件事时出现过符合心流特征的体验，报告还说，从来没有过心流的人约占15%。另一项针对6469名德国人开展的调研发现，相比美国人，体验过心流的德国人占比更高一些（23%），从未体验过心流的受访者比美国样本低一些（12%）——当然，这些都是低强度心流，体验过中高强度心流的比例肯定低得多。至于产生心流的活动，调研表明主要来自园艺、音乐会、打保龄球等需要全身心感受的投入型活动。

近年在一些国内大咖的推荐下，越来越多人开始对神秘的心流体验心神向往。其实心流一点也不神秘，它只是重现了我们小时候埋头忘我玩沙子的状态（对孩子来说，这就是一种复杂中的井然有序）。除了神经递质释放的快感，心流更重要的另一面便是深度沉浸带来的满足感，就像自己的分身在另一个空间自由旅行。如果你曾经非常专注地做某件事，比如练球、弹琴、画画、看小说时感到周围如同被静音，以为只过了几十分钟，其实已经不知不觉过了几个小时，然后事情结束后不仅不觉得累，还很想继续，那你已经在心流的平行世界里游走过一遭了。只是这种情况在生活中发生的机会有多少，人们心里自有判断。

生活在一个"反心流"的现代环境中，想等心流自己来敲门不太现实，我们只能去主动追逐它。下面就来说说进入心流的方法。

两种心流：成瘾性的 vs. 非成瘾性的

符合心流发生的活动有三大特征：**清晰的目标、即时的反馈、匹配的难度。**

虽然心流状态会伴随大量多巴胺释放（这只是其中一种"奖励"），但并非前面所列举的所有能释放多巴胺的活动（比如抽烟、吃高热量食物）都会产生心流，除了一个例外：游戏。玩游戏可以说是日常最容易获得心流的活动，它不仅有足够的复杂度，整个过程也完美符合上面说的三大特征——事实上，所有能让人沉迷的游戏，其机制都是围绕这些原则设计出来的。拿《巫师3：狂猎》为例。

主线目标是找女儿，然后在这个主线目标下又分解出很多支线任务，虽然身处一个庞大复杂的开放世界，玩家还是清楚自己的大方向是什么，不会因为不知道下一步做什么而迷茫；然后是即时的反馈，大到每一次做道德抉择、小到一刀砍向敌人都或早或晚会有结果，降低了不确定性给人带来的焦虑感，使人能专注于享受游戏的过程；最后，匹配的难度更是数值设计师所擅长的，尤其体现在以让人成瘾为目标的网游和手游中——能力强就提升点难度让你不至于无聊，能力弱就降低点难度让你不至于压力太大而离开。数值系统就是玩家大脑中枢的"神"，一升级必定立刻有所得，一有挫败立刻给点奖励刺激，保证玩家永远像只跟着胡萝卜跑的兔子。

其实拿《巫师3：狂猎》举例不是最恰当的，因为这种开放设计的游戏进程是由玩家主动推进的，更贴近现实生活中"有一定方向，但主要靠自己努力和探索"的设置，因此也被一些被短平快游戏宠坏的玩家们诟病门槛太高、难以上手。那么，一个游戏采用被动设计和主动设计的差异在哪里呢？在于它带给玩家的心流是**成瘾性的**还是**非成瘾性的**。

区分成瘾性和非成瘾性的心流活动

先定义一下什么叫"成瘾活动"。它指的是尽管有不良后果，但仍然让人难以自控地参与由奖励刺激系统操纵认知行为的活动[3]，比如赌博、刷短视频，也包括大部分被动设计的网游和手游。

这些活动的共性在于，一旦进入其中，我们的注意力便不再是自己主动控制而是被带着走的，达到一定成瘾程度后甚至一出现条件信号，比如一听到进入游戏时的开场音效，大脑就已经开始像"巴普洛夫的狗"[4]那样大量分泌多巴胺。多巴胺是没有立场的神经递质，连续玩某些游戏，它会释放并导致成瘾，沉浸在创作活动中（比如绘画、写作），它也会释放但并没有成瘾，原因在于前者是通过让人产生对某种奖励的结果预期而获得的生理摩擦型快感，后者则是人在要实现某种目标的强烈意

---

3 定义来源：Glossary of Terms. Mount Sinai School of Medicine. Department of Neuroscience. Retrieved 9 February 2015.

4 "巴甫洛夫的狗"是20世纪初心理学史上的经典反射条件实验。这个实验最初是由生理学和心理学家伊万·巴甫洛夫（Ivan Pavlov）在自己养的狗身上开展的。他通过在给狗喂食前发出声音来控制狗的预期反应，经过几次重复后，仅发出声音就能使狗流涎。

愿下，通过付出努力后获得的能量补充型快感。所以，在成瘾模式下退出一个游戏后经常会觉得很累，但非成瘾性的游戏或活动结束后反而让人神清气爽。

神经科学研究也早就发现，开展成瘾活动时大脑会激活伏隔核的外壳，也就是奖励系统所在的部位。当人产生食欲、性欲时，也是通过这个部位获得多巴胺的，这个过程极易因追逐简单易得的快感失去对意识的控制。而伏隔核的内壳则在非成瘾性的心流活动中被点亮。它通过释放含有更多D2受体的多巴胺物质，使人在获得快感的同时还具备低冲动性和高情绪调节力，大脑高速运转下所有念头依然非常有秩序。所以在不同的神经机制下，玩被动型设计的游戏既能感受到心流，也会容易上瘾，而在奖励系统的强化效应下，心流会随着成瘾程度恶化逐渐退散，将舞台交给了精神熵。

花这么多篇幅解释这个晦涩的机制，是想说明一件很重要的事——**只有在主动、积极的活动中人才能获得非成瘾性、可持续的心流，不会遭到精神熵的反噬**。如果一项复杂活动的井然有序来自事先设置好的奖励系统，即使人在其中能获得心流也要注意节制。追求成瘾性的心流还不如干脆没有心流。契克森米哈赖发现当人们进行被动、消极的休闲活动，比如心不在焉地看电视时，心流几乎不会出现，虽然没有成长但也没什么伤害。但如果沉迷于会提供成瘾性心流的活动中，不仅对成长无益，还会让人在低级快乐中积累着伤害而不自知。有时候有朋友问，应不应该控制孩子玩游戏，我总是回答"取决于什么游戏"。我想我在这本书里已经把原因讲清楚了。所以在成长这件大事上，我们要成为自己的"游戏设计师"，**一方面要通过心流活动的三大特征，将手头的任务改造得像玩游戏一样；另一方面要形成在任何时间做任何事，都能主动调用认知能量进入心流状态的能力。**

解锁心流：像玩游戏那样做一件事

前面说了这么多，也许你想问：为什么要尝试追逐心流呢？

答案很简单：因为心流能让我们做任何事都毫不费力。

工作就像在玩、学习就像在打怪升级，一切都由大脑自动地驱动身体进行，这难道不是为人生打开了"容易模式"吗？其实转换角度琢磨一下，游戏和工作有什么区别呢？如果都符合心流活动三大特征，游戏就是在虚拟世界里"工作"，而工作就是在现实世界里"玩"。我们在玩《模拟人生》、Cosplay时，其实就是在认真生活，只不过这个生活充满乐趣，但工作不是，所以我们要想办法把它也变成"是"。下面我们一个一个来分析。

清晰的目标

心流活动的第一个特征：**清晰的目标**，是现实世界和游戏世界最显著的差异。《塞尔达传说：旷野之息》一开场就会有个老爷爷告诉你去取滑翔斗篷，还会给你线索，而上班时老板只会和你说："这周内把方案做了。"然后，你打开PPT，一脸迷茫。若是自己主动发起的活动，那更没人会帮忙设计好目标，但既然已经选出了想做的事（虽然没有去取滑翔斗篷那么吸引人），至少这个目标是自己有兴趣的，关键是怎么弄清晰。

"清晰"的第一个层面是分解任务目标，这在前面我们已经试过了，从一个大目标（写完一本书）发展出功能性（将认知分享出去）和意义性目标（帮助他人践行熵减、掌控生活）。第二个层面是细化关键行动的目标，比如画家面对一块白布时，他脑中在构思表现什么的同时也有个清晰的目标：从何处、以什么方式落下第一笔。写代码更是一个必须有清晰的目标才能进行下去的活动，一个出色的程序员往往在一串命令符还在输入时已经想好接下去的好几步了。我在写作时也是如此，一边思考一边打字的同时，脑子已经在想下面这段要从之前做的哪个笔记中参考什么资料，打完字后立刻切换到那个部分，一边看一边组织新的文字。

从基础熵减活动提升到负熵的心流活动，便是一个目标越来越细化，细化到相关行动能无缝衔接的地步，我们越清楚自己在做什么，认知能量的损耗便越低。但这并不是说每个动作要速度快、不能停（对成长有益的事也不会像生产线上的机械操作），而是为自己的手、脑、心协作发展出一套舒服的配合习惯，就像玩游戏时我们不会看着手柄或键盘，但很清楚手眼是如何配合的。三者配合带来专注，通过不断形成正向的路径依赖让自己处于认知成长螺旋；三者分离带来走神，手在盲目地动而脑子里不知道自己在干什么，或者思考了半天才发现，不知道什么时候已经在想别的事了，让这个活动成了惯性认知的主场。要做到始终有清晰的目标，没有特别的方法，就是在实践中训练自己分解任务和衔接行动的能力，感受自己是不是做一件事越来越得心应手的同时还能保持思考输出。

即时的反馈

触发心流的第二个"扳机"：**即时的反馈**，这是一个确定性增强的机制，一方面能降低我们因无法耐受未知未来的煎熬而轻易放弃的概率，另一方面也为我们指明了改进的方向。在游戏中，经验值就是个反馈机制，每干掉一个怪就马上会涨一点，于是我们知道自己在"获得"和"推进"，同时摸清了如何快速提升经验值的窍门。而现实活动中很多事是不会立刻有反馈的，只能主动去求。

我在第三章开发一系列熵减工具时，每完成一个都会立刻分发给一批朋友做反馈测试，最短时间内就能让自己确定这些工具能否使人理解、是否有帮助。如果一直埋头开发而不去获取反馈，恐怕我根本坚持不到把书写完的那天。即使写作时无法马上得到强有力的反馈，经常按下 Ctrl+S 快捷键保存文档，也是一种微弱但高频的反馈，等于暗示自己没有在倒退。有些活动的特性确实也决定了很难获得即时的反馈，比如作曲这种开放型的创作活动。在创作音乐的过程中，作曲者并不知道自己写下的每一个音符是否是最后想要的，也没法在没完成前给别人听，于是他们获得反馈的途径是每写完一两个小节就在键盘上弹出来，自己给自己反馈。由于缺乏反馈途径和判断做得好不好的标准，自由创作确实是一件非常煎熬的事，但这也正是心流活动的价值所在——通过亲手将无序混乱一步步变得有序而清晰，往往能收获狂喜般的满足。

除了行动反馈，我们还能给自己设置一个基于奖励机制的成就反馈（别怕，这种自我控制的奖励没有成瘾性，而是一种仪式感）。游戏中每达到一个"里程碑"，便会有相应的好处来激励我们，比如升级后能得到一些随机物品或开个宝箱。现实中我的做法是先设置一个几天内就会到达的"里程碑"，比如这周五前要结束第三章写作，然后将这个计划告诉一个朋友（不要发朋友圈）：如果我做到了，"周五晚上一起去酒吧喝一杯吧！"一个真正懂你在做什么的朋友不仅立刻心领神会，而且会尊重你设置的规则——做到就去，没做到就改天，因为遵守游戏规则才有仪式感。而在做到的那天晚上，举杯饮下的第一口酒必定会给你巨大的满足（请相信仪式感的魔力）。

匹配的难度

心流活动的第三个特征：匹配的难度，这是持续获得心流最重要的一环，也是最像游戏中数值设计的环节。前面我们已经通过AMC行动诊断模型了解了能力和挑战的关系，知道了在什么情况下一个关键行动做得成或做不成，这里继续深入到在什么情况下能进入心流。

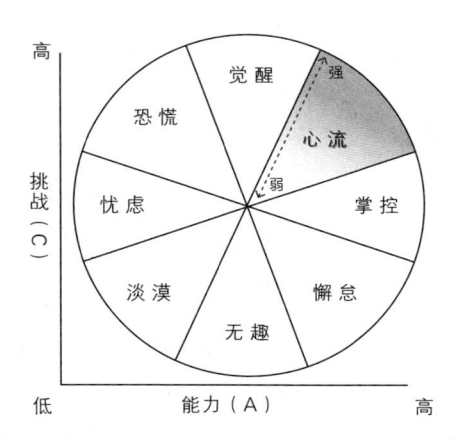

图27 心流八通道模型——能力与挑战的平衡[5]

---

5 心流八通道模型的图示摘自：Csikszentmihalyi, M., Abuhamdeh, S., & Jeanne, N. Flow. (2005). In Elliot, J. Andrew, S. Carol, & V. Martin(Eds.), Handbook of competence and motivation (pp. 598-608). New York: Guilford Press. 在本文中，作者将图示中的英文翻译成了中文。

契克森米哈赖根据一项活动对人的能力和挑战的高低，将人的心理感受分为 8 种状态。

- **低能力 + 低挑战：淡漠**

    如果个人能力很低，做的事也一点挑战性都没有，人便会感到淡漠。在前面的情绪日记里也提到过，淡漠是最轻微的抑郁情绪，表现是对当前做的事没啥感觉，漠不关心。经常被这类事务围绕会让人无精打采，对外界刺激反应迟钝，这也是长期处于舒适圈底部的人最常见的状态。

- **中能力 + 低挑战：无趣**

    如果挑战相比能力太容易，一开始做觉得很轻松也乐意去做，但不久便会感到无趣、无聊。无趣却无法摆脱的事会让人产生被困住的感觉，有些人选择在原地不动，白白受煎熬，而有些人会寻求突破的机会，比如跳槽或找一件更有挑战性的事做来平衡自己。

- **高能力 + 低挑战：懈怠**

    如果能力超过挑战太多，做一件事绰绰有余，人便会产生一种有力无处使的憋屈感，对眼前的事迅速产生倦怠。在这种状态下人会感到持续倦乏，这是情绪日记里所说的悲伤的最低级别表现。若长期陷入高能力+低挑战的事务中，会让人对过去浪费的时间和机会产生懊悔，并徘徊在沉没成本中无法毅然割舍前进。

- **低能力 + 中挑战：忧虑**

    如果能力低过挑战，人会产生低级别的焦虑情绪——忧虑。忧虑产生于对自己能力的不自信，担心未来也无法做好这件事，但这恰恰也是正处于伸展圈的信号。如果能管理好这份压力，随着能力的提升，便有机会进入心流。

- **低能力 + 高挑战：恐慌**

  如果挑战高过能力太多，人会产生最高级别的焦虑情绪——恐慌。恐慌来自巨大的挫折感，是对自身严重怀疑，也是逃避未来的信号。当处于这种状态时，最理性的做法是降低挑战难度，让自己回到忧虑的状态，保住提升能力的动机。

- **高能力 + 中挑战：掌控**

  当挑战并不低，而能力依然更胜一筹时，人便会产生掌控感。掌控感是有条件进入心流的重要信号，如果抓住机会并有勇气挑战更困难的任务，那便一脚跨入了心流，而且很容易就能获得中高强度的快感。如果停留在原处太久，便会慢慢下滑到懈怠区，再想进入心流需要重新寻找合适的挑战机会。

- **中能力 + 高挑战：觉醒**

  当能力不低，但面对的挑战更高时，便有机会进入觉醒区。觉醒是一种"顿悟"瞬间，那种充满想推自己一把、又知道往哪里推的欲望是可遇不可求的。如果成功，便进入高质量的心流。挑战难度极高的任务也有风险，如果受到挫败，有的人便会滑落到恐慌区。还有一个隐患是，这种超常发挥的突破具有一定偶然性，即使进入了心流也并不稳定，除非继续保持能力的提升。

- **高能力 + 高挑战：心流**

  这就是两个维度都拉到顶的心流了。按契克森米哈赖的标准，显著的心流只会在能力和挑战旗鼓相当且都处于高水平时产生，能力和挑战越高，心流强度越大。因此，在AMC行动诊断模型中列举的那些事顺利做起来不代表就会有心流，人的状态可能处于忧虑区也可能处于掌控区，但都是在通往心流的路上。

这8种状态确实太像游戏了，不仅能对应到某个具体游戏，还能解释它们为什么好玩或不好玩、适合什么玩家，比如心流状态，我首先想到的就是对应硬核玩家的《暗黑之魂》。

你可能会问：既然心流只会发生在高水平的任务中，那我现在刚开始学一个技能是不是就和心流无缘了？是，也不是。心流确实是需要能力和挑战越过一定标准才会感受明显的，但这个"高水平"也是个主观感受。假设你是个网球初学者，当前唯一的挑战就是把球打过网去，这时你的能力为0.8而挑战是1，在稍微专注一点连续几次把球打过网去时，你便已经能被"小"心流爽到了。如果再能接住一两个对你来说属于高水平的高吊球，更强的心流就足够你乐一段时间了，但想继续获得心流还得提升能力。所以高水平的能力和挑战的参照坐标只是自己，只要能激发你时不时触碰到"力所能及"的极限，那便是一个理想的心流活动。

当进行一个熵减践行活动时，我们通过感知自己的心理状态，便能知道离心流还有多远、究竟应该提升能力还是降低挑战。一个能保持挑战一直比能力高一点、处于忧虑状态的活动，也最有机会升级为心流活动。我们只需要在保持挑战不变的情况下，安安心心提升能力，在某天不经意间便会感受到心流带来的快乐。现在，扫码获得【9.心流最优体验——能力/挑战评估表】，试着来评估一下正在进行某个任务的你处于什么状态。

正在进行的这个任务带给我的感受主要是：＿＿＿＿＿＿＿＿＿＿＿＿。
□淡漠 □无趣 □懈怠 □忧虑 □恐慌 □掌控 □觉醒 □心流

除了使目标活动尽量符合心流发生原理的三大特征，另一个进入心流的必修技能是：能主动调用认知能量在任何时间做任何事时，迅速进入高度专注状态。

专注力控制：进入心流的基本功

你的情绪日记一直在写吗？请记住只有经常排出内心的熵，才有专注做一件事的条件。

契克森米哈赖在阐述心流原理时经常提道：当精神熵过高的时候，大脑的做功效率很低，大量认知能量都被内耗掉了，一旦进入心流，认知能量就会围绕着一个目标、向着同一个方向高效做功。已故奇才史蒂夫·乔布斯在一次受访时也说过一段类似的名言："**专注和简单是我的梵咒，你必须更努力地工作来使你的思想干净、简单，因为一旦你做到了，你就可以移山了。**"我相信他展现给世人偏执一面的背后必定流淌着心流。

专注是触发心流最核心的条件。斯坦福大学认知与神经系统实验室的一个团队发现，当人进入心流状态时，一个与专注相关的神经网络——"注意执行网络"启动，并同步关闭与走神相关的神经网络——"默认模式网络[6]"。一个人能迅速进入高度专注状态，便有机会进入心流，经常停留在心流状态又能使他的专注力更收放自如，日后进入心流

---

[6] 2011年，斯坦福大学教授魏诺德·梅侬（Vinod Menon）提出一个由三个主要大规模脑网络组成的三重网络模型（Triple-network Model），其中包括中央执行网络（CEN）、默认模式网络（DMN）和突显网络（SN），为心流机制研究提供了一个新角度。

会越来越容易。在形成了这样的正循环后，这个人在工作学习外的生活中也不会心不在焉，休闲娱乐时更容易投入，面对美食时能细细享受，当家人或朋友需要倾诉时会专心聆听，面对意外时能迅速洞察本质、处理危机……无论是不是为了打开心流之门，能随时随地进入专注都是提升人生品质的重要能力。

专注力就是聚焦的能力。你小时候也玩过放大镜吧？当在太阳下握着它数次尝试移动旋转，终于汇聚到那个最高温的小点时，便开始幻想自己手握着一种超能力，甚至能给地球烧出一个穿越南北极的小洞。如果这时太阳被云朵遮挡或你手一抖失去了焦点，这个小点便突然黯淡或者散成一团模糊的光——做超人的幻想破灭了。

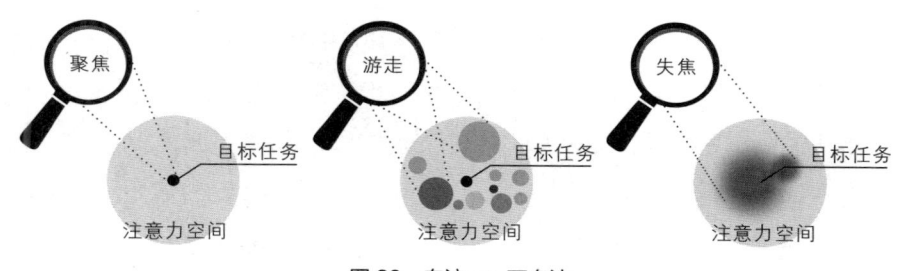

图 28　专注 vs. 不专注

将认知能量集中一处就好像将阳光聚焦到那个小点上，既要尽量让它不游走又要保持它不失焦。我们对专注的控制力也是如此，主要体现在两个方面：一是走神时能否迅速察觉，二是聚焦状态能持续多久。

现实中的我们时刻都在受到外部干扰和自我干扰。有一个 2005 年对于碎片化工作的研究[7]显示，当一个沉浸在一项任务中的人接到电话或者听到有人敲门时（外部干扰），大约需要 22 分钟才能重新回到专注状态。

7　见 Mark, Gloria & Gonzalez, Victor & Harris, Justin. (2005).

而如果是自我干扰，比如忍不住看一会手机，即使很快回到工作中了，还是需要29分钟恢复到最佳状态。很多人发现只要自己一到要做事的时候，就会感觉全世界的风吹草动都是诱惑，于是首先想控制风和草。控制的方式就是去图书馆这类干扰小的地方学习、把手机这类分心物静音，甚至在进入重要任务时干脆关机，等等。这些方法在某种程度上是有效的，但很不自然——如果某件事非得这样才能继续下去，你是不是应该先检讨一下自己是否真心喜欢做这件事呢？

迅速专注：建立状态转换的强关联

干扰不仅是生活的一部分，且属于不可控的那部分。事实上，即便没有上面说的那些干扰，人在做一件事时也会频繁在专注和走神之间游走，尤其在每一次任务"冷启动"的时候（从休息/娱乐模式切换到工作模式）。比如我每天吃完早餐，休息几分钟后打开电脑写作的头15分钟里，只能专注30秒写下几句文字，写完后就开始走神，扭头看下在旁边睡觉的猫，回过头来时突然有了灵感再写30秒……头15分钟就这么在走神和专注间循环。度过了"冷启动"期后的专注力就趋于稳定了，这时如果能保持专注写作，有时便能进入心流状态，享受几十分钟深度沉浸其中、一气呵成写下好几段的快感。

所以我们对专注的控制并不在于能不能杜绝走神（不太可能也没有必要），而在于能不能在"冷启动"时迅速转换到工作状态，以及走神时能不能很快察觉到。"万事开头难"，难的也不是这件事本身，而是难在进入状态。我们都有这种经验：想好了今天要拖地却一直磨磨蹭蹭，但只要拿起拖把抹去眼前地面的第一块污渍，很快整个屋子就打扫完了。很多时候我们迟迟进入不了工作状态，正如斯坦福大学行为设计实验室创始人B.J.福格在他的《福格行为模型》中强调的，是因为没有在前后状态转换的关键节点形成**信号—微行动—正回馈的提示强关联。**

还记得之前说的，像玩游戏一样为自己设置一个有仪式感的奖励机制吗？我有个习惯是每天在早餐和午餐后、写作开始前，为自己煮杯咖啡带去书房，所以衔接休息和工作的关键节点就是这杯咖啡。于是我给自己定了一个规则——在喝下第一口咖啡后（信号），马上集中注意力写三行文字（微行动），写完了就打一个得意扬扬的响指"我做到了"，再喝一口咖啡（正回馈）。

对你来说也是一样，首先是找到休息/娱乐模式的最后一个动作作为提示信号，比如给杯子加满水或上个洗手间，如果实在没有就给自己创造一个小习惯，或者撒一点精油以气味作为关联信号也行。然后进入工作模式的第一个微行动必须明确且能在短时间内完成（比如1分钟内），"开始写作"和"写三行文字"都不够明确，"马上集中注意力写三行文字"才是一个能帮助迅速切换状态的微行动。最后的正回馈——打个响指，看起来有点傻，但我刚开始确实是这么做的，反正屋子里除了猫也没别人。一个小小的有鼓舞感的身体动作，比如对自己竖个大拇指或咧嘴一笑，都能在我们的记忆中建立奖励意义。如果周围有人不方便的话，在心里做这些动作也可以。

要扎实地形成强关联，只靠在脑中串联信号、微行动、正回馈三个要素是不够的，福格博士有个很好的建议——把它们写在便条上，并贴在你要做某件事时必定会看到的地方。总之，当这种强关联在现实中反复几次后，万事开头就不是很难了。来，试一下。

当收到（信号）_____的时候，我就马上集中注意力（微行动）_____，完成后我会（正回馈）_____，因为这代表着自己已经顺利进入工作模式了。

觉察走神

只要有了这么一个打开工作状态的注意力热身，后面的走神也不用太担心，但需要对它的出现频率有所觉察。

我个人经验是：相比前15分钟每30秒走神一次，随着任务的深入，比如做了大量笔记、构思开始成型时，走神的频率会降低，大约每专注10分钟会走神1次，1小时内能察觉到的走神有5~8次。再往后走神频率会越来越低，除了被"三急"唤醒，写作几乎不会再中断。肯定有人要问："你怎么知道自己在走神？"很简单，也是因为收到信号——喝咖啡的动作。由于这个动作已经在潜意识中建立了正回馈奖励，当我感受到压力想逃避时，会不自觉做出端起咖啡杯（不管里面的咖啡喝完没）这个让自己有良好感觉的动作，这时候就察觉到注意力已经从任务上飘走了。

觉察到自己的注意力正游走在其他地方时，也不要马上责备自己，有时候我们确实需要休息一下来恢复认知能量。但如果次数太频繁，就说明不是因为累而是习惯性走神，需要立刻它拉回到目标任务上。我对自己设置的标准是每小时不超过8次走神就属于正常范围（进入心流的标准会高很多，但平时不用去强求），你需要根据自己做的事情的性质（比如是更倾向思考型、创作型的，还是更倾向程序型、执行型的；是挑战超过能力的，还是能力绰绰有余的）和自身情况来设置这个标准。你在开始一项任务时也可以试着留意自己的走神情况。

我觉察到自己的走神频率大约为每小时＿＿＿＿＿**次。**

觉察走神是专注控制的基本功，如果想进入心流，便要具备一个升级能力：**持续专注**。

增强持续专注的练习

心流的形成是一种涓涓细流汇聚成河的过程，它会在人的注意力不间断地由弱至强时悄然而至。因此，进入心流对专注的"持续性"要求极高，哪怕很短时间的中断都能使人脱离心流的汇聚进程。那么要保持多久呢？《冥想的力量》的作者斯瓦米·阿迪斯瓦阿南达根据自己的体验和观察，提出过一个很有意思的量化标准：单次持续专注的单位为12秒，进入深度思考需要的持续专注为12×12秒（两分半钟），而要达到中等强度的心流状态需要12×12×12秒——**至少29分钟的持续专注！**

抛开追求心流，日常做一件事时能达到每次持续几分钟的专注已经够用了。但是，如果你发现自己无论做什么事，每次能持续专注的时间都只有几十秒，那就有问题了，或许需要通过一些方法帮你找回专注的感觉。

首先，持续专注意味着减少切换。看一下自己手边的东西是不是都触手可及、是不是在需要时不用停下来起身去找？这就是减少不必要的肢体动作切换。再想一下自己的工作方式，是不是按照输入—加工—输出进行？比如学习时先阅读再思考，然后写下笔记，而不是先阅读，然后喝口水思考刚读了什么，发现记不得了再回头读。这是避免冗余的认知流程切换。最后想一想任务相关区和非相关区有没有分区？电脑上是不是只打开了与任务相关的窗口且都排列有序？（如果显示器够大，强烈建议分屏，非项目相关的干扰App放到另一屏。）这是防止频繁切换注意焦点。

然后，可以试试这个练习——找一本以你当前能力读可能有点费力，但认真读可以理解的书（不能是纯娱乐消遣的书或杂志，也不能听有声书），找一个无干扰的安静环境，尽力保持专注地读，直到觉察到自己在走神就马上停。停下后先估计一下自己读了多久，再看看实际时间过去了多久。如果感觉上的阅读时间比实际时间（比如1分钟）更久，说明你当前的单次持续专注时间上限低于1分钟；如果感觉时间和实际时间（1分钟）差不多或更短，说明你的单次持续专注时间至少有1分钟。然后打开手机计时器，前者的情况将基准线设置为30秒（实际时间的一半），后者的情况将基准线设置为60秒（与实际时间一致），训练自己在闹钟响之前保持专注阅读状态。每天一有空就练习几次，根据结果一点点提升持续专注的时间上限，直至某天能达到深度思考所需要的2.5分钟以上。当然，如果你对自己有更高的期望，甚至希望触及心流，可自行提高标准。请在下面写下你的情况。

我当前单次持续专注时间的基准线是_____。

我期望未来能达到的单次持续专注时间是_____。
（建议的目标范围为2.5~30分钟。）

习惯这个练习后你可以进行一些改造，比如带着这本书去一个咖啡店，看看自己在有轻度干扰（咖啡店内）和中度干扰（咖啡店的户外就餐区）的环境中，单次持续专注时间的上限是多少。趁着每次去喝咖啡时顺便做这个练习，提升自己在干扰环境中的专注力。这时候你对自己的专注力已经有数了，也知道进入专注状态时是什么感觉，便可以在整块的真实任务处理时间里开展练习，重点也不再是关注单次持续专注时间有多久，而是整体上你能保持多久中等以上的专注状态做一件事。比如原本你可能画画不到10分钟就觉得时间好慢，想马上站起来玩下手机晃一圈，现在可以专心致志沉浸在画画中1个小时也不怎么累——这就是在和心流握手的信号！

如果你有状态转换困难和专注持续度低的问题，请在平时多试试上面提到的这些练习，同时也别忘了复利效应原则——高频进行、长期开展、坚持量变到质变。

最后，除了刻意训练专注力，在生活中更需要融入专注。想一想：难道我们只是在做正事时不专注吗？淋浴的时候我们站在高级的雾化淋浴喷头下，脑子里想着老板白天说的话，突然又想起账单好像还没还，根本没感觉到温暖而细腻的水雾在按摩身体。洗完澡出来，爱人做好了一顿色香味俱全的晚餐，你坐下开始埋头猛吃，全然感受不到这些美食划过味蕾的感觉，也不记得爱人和你说了些什么。我们会为自己购买最高级的咖啡豆、产地最好的葡萄酒，但我们真的有好好品味过，哪怕细细闻过一下吗？

每一天大脑的惯性认知在运行着"淋浴""吃饭""聊天"等预设行为模板，但我们的意识没有专注于当下的体验——行为和感受分离，是当今都市生活状态最真实的注解。如果这时候身边还有他人打量，这种脑子不在所做的事情上的现象就更明显了：本来专心致志在徒步，突然发现有人在看你走路，于是马上把注意力放到手脚摆动上，结果越注意姿势越僵硬。日常经常体验到心流的人则相反，洗澡就是洗澡，走路就是走路，吃饭就是吃饭，交谈就是交谈，他们懂得让这种身心合一的惯性覆盖到生活的各个方面。

控制自如的专注力是保持内心秩序的必要条件，但它不仅仅是一个功能性的工具，更是一对帮助我们抓住日常生活中那些生机的眼睛。而心流之所以会被称为终极的幸福源泉，不是因为那些肤浅的多巴胺，而在于它本身就是一种将专注感受融入日常的体验式生活，即所谓"沉浸的人生"。

那么，那些能随时随地进入深度心流的高手们是什么样的呢？我们继续往下读。

"沉浸的人生"：高手们的心流世界

契克森米哈赖在40多年前观察到一个著名的现象：在大多数人衣食无忧后，反而变得快乐不起来；然而还有少数人，主要是全年都在从事自我挑战型和创造型工作的专业人士，比如象棋棋手、高尔夫球手、花样滑冰运动员、作家、画家、作曲家、舞者、小提琴家、攀岩者、物理学家、科技创业者、外科手术医师等，这些人无论物质条件如何变化，依然有着稳定的、显著高于平均值的幸福感。

于是，当时担任芝加哥大学心理学系主任的契克森米哈赖在20世纪70至90年代，带领团队行遍世界各地，通过访谈挖掘这些人一生中什么时候感觉最佳、表现最好，并花了整整20年跟踪研究他们究竟有什么共性。和他交谈过的每个典型对象几乎都提到了一种不同平常的体验，便是在自己状态最佳时有一种意识在漂浮和流动的感觉，这时候每个决定或行为都是自然流动、无缝衔接的。最后，基于数十万个随机样本的结果，契克森米哈赖提出了这种与潜能发展和精神和谐直接相关、表述了全身心投入的生命状态——心流。

心流高手们都是什么样

这些能轻松进入心流的高手们有什么共性呢？不是人们通常以为的有某种天赋，或者某种人格特质，而是他们都喜欢处于这种日常状态：**做的事高度复杂，生活方式非常简单。**

通过一系列访谈，契克森米哈赖发现这些人对大众普遍认为属于放松享受、能获得满足的活动，比如喝酒、晒日光浴、购买奢侈品、参加名流派对或享受财富带来的"特权"等并没太大感觉，相反，他们爱通过那些费力困难、需要解决某些问题的活动获得自己想要的感觉——因为没有哪种享乐的快感能超过心流。对有些人来说，单纯的享乐不仅毫无乐趣，有时候还是折磨。

Apple已故CEO史蒂夫·乔布斯十几年只穿同一款的三宅一生黑色高领衫，Facebook（现在的Meta）联合创始人马克·扎克伯格的衣橱里也是清一色的灰色T恤和灰色帽衫，他们的解释都是不愿意将注意力和时间花在选衣服这些低价值的事务上。自此，无数人将其奉为"偏执狂才能生存"的硅谷极简主义并纷纷效仿，尽管大部分人未必真的对这种生活方式乐在其中。其实乔布斯和扎克伯格的选择和近百年前的青年爱因斯坦（他每天总是穿同一件旧毛衣和一条松垮的裤子，哪怕是见客人）如出一辙：挑选衣服这种每天要反复做的事占用不到几分钟，但对注意力的干扰可能会让他们整整一小时的思考脱离轨道——这种精明的理念对大部分人来说其实很矫情。为什么有人会去追捧那些不适合自己的理念？因为人人都想成为这样的顶尖高手，但不知道如何实现，只能通过效仿眼睛所能看到的那个衣柜开始。

在媒体上，我们也经常能听到一些名人说类似这样的话："我不关心别人怎么看，只想做好这件事。"有人认为这只是作秀，有人把这句话也奉为自己的"人设格言"，更多人则会怀疑，说这些话的人是真心的吗？有些是，有些不是，谁知道呢。但真正从心流中汲取到生命意义的人确实和外界有某种隔离，他们在做自己的事时太投入了，以至于顾不上对自我进行保护，自然也注意不到外界的窃窃私语。袁隆平老先生就是个例子，当已处高龄的他依然顶着烈日下田时，网上也曾有少数"键盘侠"肆意评论袁老下田是在作秀，是带着其他目的的。有的人从来没有体验过什么叫"沉浸的人生"，他们确实不会相信这个世界上真的有些人单纯只想沉浸在给自己带来意义感的事中。

事实上除了"键盘侠"，心理学家们也长久困惑于一个类似的谜题：为什么有的人会在没有外部奖励（比如经济回报、被赞誉、被关注）的情况下，还会抱着极大的热情追求一个目标？这个问题问得直白点就是：他们图什么呢？背后的假设则是——人做一件事的内在动机，一定是基于某个期望的结果。契克森米哈赖通过几十年的研究给出了不同的答案——不，有些人的动机来自过程本身，并举了一个亲眼看到的事为例。一名画家在高度投入状态下能持续作画一整天，不休息，不进食，也没有饥饿感、疲劳感和不适感，心智完全被巨大的创作热情占据。然而一旦创作完成，打量过自己的画作后，画家很快就对这幅画不再关心，开始琢磨下一次创作。

过程即目的：心流的自成目标

心流程度有浅有深。浅层的心流通过主动参与符合心流特征的活动就可以获得，比如下棋、跳舞、钓鱼、戏剧等，哪怕蹲下来静静观察清晨的露水从花瓣上逐渐消失。而深层的心流通常来自具有高度创造性（不仅限于艺术创作）和要求极致专注的活动（比如攀岩、竞技比赛）。无论是哪种程度的心流，它们的共同点都是：过程本身就是目的，而不是结果，即**自成目标**。

"过程即目的"听起来抽象，其实用一个字概括就是：玩。玩的目的是什么？就是享受玩的过程。很多人喜欢玩拼图，它的乐趣来自亲手将一盘散乱的碎片逐渐拼成一幅画、从无序到有序的过程。但成人的问题是，很多人在完成后会不舍得重新打乱它，却不知道完成后的愉悦叫作成就感，不是乐趣本身；孩子们专心致志地将沙子堆成了一个城堡，一阵尖叫狂喜后就会一起把城堡推倒变回散沙，"让我们再玩一次吧！"——小孩子往往比成年人更自然地知道乐趣从哪里来，没有那种抓住结果不放手的执念。

极致的心流：自我意识消失

人们对心流还有个常见的误解——这是一种从头爽到尾的体验。其实恰恰相反，一个人处于深度心流的过程中并不会有兴奋、开心、愉快等感觉，这些积极情绪，或者说快感都是任务结束、退出心流时才会集中涌现出来的——也就是说，**最极致的心流体验是没有感觉、没有意识的。**

如果你在做一件事的过程中能时不时注意到自己，说明心流程度还不够深，如果感到"好爽"，则说明现在已经退出心流了。还记得之前说过的负面情绪的作用吗？我们之所以会感知到它们，是因为内心急着提醒我们纠正偏差。处于心流中的人不必费脑力多想，自动就清楚自己在做什么、要去哪里，行动有序，心无杂念，充满掌控感，情绪自然就没什么跳出来敲警钟的必要了。当陷入深度心流时，人的行为和觉知会融为一体（画笔像是自己在动），失去了时间感（一般会觉得过得很快），而在这个过程中最奇妙的现象是自我意识开始消失，感觉不到周围在发生着什么。如果你去问一名短道速滑选手，刚才比赛时听到观众席有人欢呼他的名字时是不是特别受鼓舞，十有八九他会反问："有人在喊吗？没注意啊。"

自我意识消失是一种非常疗愈的体验，它让我们暂时和现实划清界限，是对有效控制认知能量的奖励。暂时忘我，一心一意应对眼前的挑战，暂时忘记了别人在注视着自己，也忘记了开展自我批判，不会冒出"失败了怎么办？""我现在表现怎么样？""我该不该做这件事？"这些只会产生干扰的内心独白。当自我意识随着任务结束回到现实中时，它产生了变化，变得更丰富、更轻松、更有活力！一个熵值更低、能力更强的自己回来了！

人之所以是一种自寻烦恼的动物，就是因为在现实中自我意识太强，注意力时刻围绕着"我、我、我"，而很少有人觉得这种蔓延已久的都市自恋症是个问题。以自我为中心的人，生活中总是一心一意想到自己，做一件事便也总是心猿意马，目光只放在想控制却往往无法控制的结果上——这便是"想太多"的本质。越自我、越没成过事的人越容易变得"玻璃心"，总觉得身边围绕着打量自己的观众，一方面注定与发自内心的乐趣无缘，另一方面总在清醒状态下不停咀嚼自己的不良情绪，徒增精神熵。而在冷酷坚硬的现实面前，这个从未体验过自我意识消失、时刻保持着清醒的群体，更会不约而同地将"变得成功"视为解决一系列痛苦的解药。

我们能从心流高手们的身上学到什么

大部分人都渴望世俗意义上的成功，所谓向高手学习也只是想偷师他们成功的秘诀，于是便会将那个挂满同款 T 恤的衣柜脑补成通往成功之路的启示。当他们看到成功者们每天早起、拼命工作时，多半会感叹一句"这么有钱了还这么勤奋"。背后的意思是"图啥啊？"因为勤奋对大多数没有自成目标的人都是辛苦的，持续勤奋更是需要强大的意志力。那些成功者确实勤奋，但殊不知他们并非天生工作狂，也不是具有超出常人的意志力，而是因为找到了一个如磁铁般吸引自己心甘情愿投入的目标，恰好做这件事还给他们带来了价值，于是在玩得越来越大的过程中成功了。

如果成功需要拼的只是勤奋，可能没人拼得过人称"中关村劳模"的雷军。

20世纪90年代初，刚从武汉大学毕业的雷军沉浸于编程，因为觉得市面上能买到的编程书水平参差不齐，他干脆自己写了一本更系统的《深入DOS编程》，还成了畅销书；然后23岁的他加入金山软件，29岁就成了公司总经理；31岁，雷军第一次创业，创办了卓越网，4年后以7500万美元的价格卖给了亚马逊；同年，雷军回归濒临破产的金山软件，力挽狂澜将老东家救了回来，随后于2007年金山上市后功成身退，做起天使投资人；在2010年，雷军创办了小米，8年后小米上市，估值539亿美元。

雷军不是含着金钥匙出生的特权阶层，他的人生也没有开过挂。虽然这番成就主要来自极高的天赋和极强的内源性动机，但最为大众津津乐道的还是他的勤奋，因为勤奋最容易被看到和量化，自然也就容易去模仿。学生时代的雷军一天学习12小时，那有人去学习14小时；雷军把每天的时间分割成以半小时为单位，那有人就以20分钟为单位制订计划……你觉得这个人在大学毕业后，多大概率能重现雷军的一系列成功，哪怕只是接近？

做出勤奋的样子很容易，难的是全身心投入的勤奋，更难的是一天十几个小时，年复一年，天天如此勤奋——如不是，绝大多数的勤奋都只是在磨时间。因此雷军曾说过这句名言："不要用战术上的勤奋，掩盖战略上的懒惰。"战略上是什么呢？我的理解，便是要借力深度心流，在推动自己不费力地投入勤奋状态的同时，时刻保持清晰的目标感。勤奋只是表象，隐藏在背后的心流特质才能支撑长年累月的高度专注，追逐自成目标。

虽然我不知道雷军是否听说过心流，但可以肯定这个人就是天生的心流高手。曾经还是中学生的他就沉浸于围棋这类最典型的心流活动中，还拿过全校冠军，可以说从小就在不知不觉践行"沉浸的人生"。如果拿"多维熵值/熵型评估量表"给雷军测一测，十之八九他是精神熵极低的"海豚型"。人们老觉得雷军是常年辛苦的"劳模"，我相信对于他本人来说，对"辛苦"大概有着和多数人不同的概念，乐在其中应该是更恰当的注解。没人能仅靠意志力长期开展一项承载人生意义的活动，在没有乐趣的情况下，刻意强迫自己努力更是费力低效，只有心甘情愿地全身心投入才会产生持续的复利效应。雷军的成功看起来惊人，其实大概率是必然的，早晚而已。

不觉得辛苦，反而乐在其中，这里面最核心的支撑力就是内源性动机。前面关于熵减践行的章节里已经提过内源性动机（以及外源性动机和模糊性动机），但没有要求必须在这种动机下开展行动目标，因为相比这个一生的课题，先通过一件对成长有益的事行动起来更重要。能轻松进入心流、最后获得高度成就的高手，几乎都是由内源性动机驱动自己持续行动的，也是我们熵减践行的远景目标。在你吃不准一个人生目标能不能由内源性动机承载时，可以试着问自己这么一个极端的问题："如果做这件事没有钱、不会出名、没人夸奖，甚至不会有人知道，但需要天天投入其中，我还会对它抱有热情吗？"这种层级的目标自然可遇不可求，一旦出现，以前你最想要的那种成功往往会大概率实现，只是这时候的你也没有那么在意了。

成功是个琢磨不定的"访客"，我们越是对它牵肠挂肚，越有可能和它擦肩而过。更重要的是，以"变得成功"为目标做一件事时是不会有心流的，而在心流缺失的情况下去挑战一件困难的事，确实也只能指望意志力了。当我们能在做一件事的过程中感受到泉涌般的灵感和乐趣时，无论它是不是能带来成功都不枉此行。如果有幸遇到既能带来乐趣又充满挑战的事，只要能坚持全身心的投入，我们就已经踩在成功这样的秘密"访客"时不时会经过的路上了。

当然，那些充满挑战的事经常也会在逆境中出现，这对大部分人而言是"坎"，是"命运的毒打"，哪有什么乐趣？这点也是常人和高手最大的不同——拿契克森米哈赖的话说，在心流中穿行自如的人都有一种"自得其乐的性格"，也就是能在一般人无法忍受的逆境中找到乐趣。

其实我们的父辈中有很多具有这样的性格，即使在最艰难、最无望的时期，他们还是能在生活的夹缝中过好每一天，无论白天多么劳累或者遭遇不公，回家后依然有兴致打开收音机，与爱人翩翩起舞。当人生遇到威胁时，比如遭遇失业，拥有这种性格的人倾向于把威胁视为充满乐趣的、迎接挑战的机会，因此内心不容易崩溃，而没有这种性格的人则会将威胁视为坏事临头，一有机会就想躲避。高手们对解决问题有瘾，越困难、越复杂的事，对他们来说乐趣越大，也越容易使他们进入深度心流，所以他们欢迎挑战。同时，真正意义上的成功者（不是靠继承、投机、欺骗、玩弄权术和特殊关系获得成就）也会拒绝任何形式的不劳而获，这并不是因为自身的道德要求或顾虑外界的看法，纯粹是因为他们深知没有付出就没有乐趣。

心流高手们的特性，总结一下就是：**见识复杂、意识简洁、专注过程、自成目标、觉知一体、充满掌控**。每一个人，也包括我自己，都希望能在熵减践行之路上借力心流，收获一个"沉浸的人生"。进入心流是如此之难，但越难的事才越值得做，这就是我从那些高手们的身上学到的东西，希望你也赞同。

第八章

持续幸福的支点

你将从本章了解到

愉悦的幸福和满足的幸福有什么区别

做什么样的事能积累心理资本

如何提升自己的创造力

如何正确看待利他

人为什么需要艺术

愉悦的幸福，满足的幸福

将"愉悦"最大化

如果你眼前有一份美食，你会如何将享受最大化？是一口一口慢慢吃，还是狼吞虎咽将味觉的刺激在最短时间内放到最大？

我在面对一份安格斯芝士牛肉堡（虽然不算真正意义上的美食，但它确实能在疲劳写作后带来快乐）时的做法是：第一口要略大口地咬下去，然后细细嚼慢慢咽，将注意力放在味蕾上捕捉牛油渗出的香味，并仔细咀嚼牛肉的质感，再后面就一口一口正常享用。

为什么要这么做呢？因为享用美食的幸福感来自"**愉悦**"（Pleasure）。愉悦是一种眼前的幸福，它不需要思考，特点是快速唤醒并转瞬即逝。我们对愉悦的获取不需要学习，因为基因里早就将本能需求与人类感官（味觉、嗅觉、触觉、视觉、听觉）立刻获得的愉悦捆绑在一起了。除了享用美食，抚摸毛茸茸的小动物、做个SPA、细嗅花香、看部电影、坐过山车都能带给我们愉悦的积极感受。但是，这种愉悦很难填满整个人生的长度，因为它们都是暂时性的。此外，为了满足本能需求，往往一开始的强度会达到最高峰，然后随着欲望被填满开始断崖式下滑——这就是为什么第一口牛肉堡、第一口可乐能拉满愉悦感，随后第二、第三口就普通了，到第四口或许就会想"我是不是摄入太多热量了"。所以，想将愉悦的享受最大化，需要在开端就强化刺激，集中感受。

这就是神经反馈机制的特点：它在接收到外界刺激时会促使大脑释放多巴胺，而一旦刺激达到阈值就不再敏感，变得懒懒散散，使高涨的愉悦平复到索然无味。想再获得同样的愉悦，要么像跑跑步机那样不停获得刺激，要么隔段时间再试，而那时候需要的刺激则更强。即使隔段时间再试，不同的活动需要的重新唤醒时间也不同，这些活动进行得越频繁，需要唤醒的时间间隔也越长，最终这些愉悦都会被淹没在日常生活中，随着欲望一起消失不见。

"满足"：心理资本的投资

如何在生活中得到愉悦不用人教，每个人都清楚什么能给自己带来这种类型的幸福感，但它太简单，缺乏变化。另一种更高层次的幸福感则来自"满足"（Gratification）——上一章中代表"沉浸的人生"的心流便是这种幸福感的来源之一。马丁·塞利格曼借用经济学中"资本"的定义对此做了一个很妙的比喻。

社会资本是我们通过互动累积出来的资源，而文化资本是我们从祖先那里继承而来的，它丰富了我们的生活。那么，有心理资本吗？如果有，我们该如何去获得？当我们做愉悦的事时，我们很可能是在消费。香水的味道、草莓的新鲜滋味、按摩头皮的舒服都会带给我们暂时的幸福感，但是它们对未来没有任何帮助。相反，当我们体验心流时，我们在建构未来的心理资本……我们可以认为愉悦是生理上的满足，而满足是心理上的成长。[1]

塞利格曼这段话指出了"愉悦"的本质：它是心理资本的消费。而"满足"是心理资本的投资，它是认知思考和付出努力后的结果，有着层次丰富的变化，不会像本能欲望驱使的"愉悦"那样总是触到阈值后消退。更重要的是，"满足"这种更高级的快乐是一种能持续到未来的幸福，它和投入并驾齐驱，撑起了幸福三角的另一个支点——**意义**。

"意义"这个词和"幸福"一样听起来虚无缥缈，还充满浓浓的鸡汤味，难怪今天越来越多人对这两个词很反感，甚至因此抵制积极心理学。但需要清楚的是：那些鸡汤之所以于心灵无益，因为它们通常缺乏科学依据，并且一些劝告总是站在道德和社会规范高地进行想当然的归因，比如劝人行善帮助他人（这本身没错），它会说生活的不幸让人更能理解他人的痛苦。而事实上，积极心理学的研究发现，生活幸福的人更容易做出利他行为，因为人在幸福中时，不会一直把注意力放在自己身上。更多行为心理学的研究也表明，让利他主义者们经常伸出援手的并非高尚的美德，也不完全是出于爱心，而是帮助他人获得比纯利己行为好得多的自我感觉——本质上，利他是另一种形式的高度利己。真正无条件地感同身受，也就是共情（Empathy），往往发生在自己的基本需求先得到满足之后。

心理资本和物质资本一样，需要先完成原始积累才能有余力用它惠泽他人。追求"有意义的人生"，在某种程度上，就是亚伯拉罕·马斯洛在他的需求层次理论中所指的"自我实现和超越"——意味着充分地、

---

[1] 摘自马丁·塞利格曼的著作《真实的幸福》，浙江教育出版社（2020）。

活跃地、无我地体验生活。自我超越者以自己的价值判断引领生活，不再依靠他人来求得安全和认同，反而能有充足的心理资本给他人带来启发。

积累心理资本，拒绝不劳而获

那么做哪些事最利于积累心理资本呢？我总结了三类事：

- 需要创造和思考，既有输入也有输出，区别于纯输入的事；
- 为他人带来价值，能发挥自己的能力和优势解决他人难题的事；
- 与现实保持界限，以悦己为初心，不需要为取悦他人而做的事。

对应的赚取心理资本的活动分别是：**创造、利他、艺术**。做这三类事，是为了让我们自己获得基于"满足"的幸福，而同时也会对社会和他人造成积极影响。这三类事有一个共性：**必须亲身付出努力**。一件能构建意义、带来满足感的事，必然不是通过捷径做成的。比如我现在写这段话时，正吃着一份鲜美的海鲜饭，颗粒分明的米粒渗着浓郁的咖喱香，夹杂着贻贝、墨鱼、海虾和青红甜椒粒。品尝这份饭给我的味蕾带来很多愉悦，但也仅此而已了，因为这份饭是朋友做好了带过来的——咖喱不是我熬制的、海鲜不是我处理的，我只是走了个捷径得到了它，不需要任何付出和努力，所以积累不到心理资本。

是否不劳而获——这也是我个人对一件事是否值得做的一个最根本的判断标准。现在，那些养生微商鼓吹应该喝这个、吃那个，然后你就端着碗加了"绝密大料"的汤水坐等健康自己来敲门；这些年很流行某种"音疗"，你什么都不用做，躺在那儿闭着眼睛听"大师"敲敲弹弹，就觉得"又好了"。

这些迎合人们不劳而获心理的套路，为什么这么多人意识不到呢？因为被那些营销诱导了：明明是个消费行为，却被偷换概念成自己在"付出"。真正想健康起来，得通过运动让身体"活"起来，而这必须亲身付出汗水和体力；真正有效的音乐疗愈是有理论体系的，受疗者必须亲身参与这些声音的制造，用自己的身体去感受它们带来的律动。其实，追求"满足"的幸福，包括追求心流，都是很反现代的一种理念，因为它倡导的是拒绝操控、回到原点、自我主导，踏踏实实钻研一件有价值的事——今天的时代，最缺的就这个。

基于"愉悦"的眼前幸福其实我们都不缺，未来的持久幸福之源——创造、利他、艺术，是需要我们主动去获取的。下面一个个讲，先从"创造"开始。

创造：幸福感的高峰体验

和动物相比，我们不仅有思考的能力，还能在思考后去做一些无关眼前生计、只为满足好奇心和激情的事，其中"创造"是离这种满足最近的一个。

幸福语境下的"创造"不是特指发明和创新前所未见的事物，它可以是一种解决问题的新方法，也可以是思考问题的新视角，总之，在求知欲驱动下任何付出努力的尝试，都是在创造。因此创造并不是艺术家和科学家的专利，它属于所有好奇的人。

童年时住我楼上的小伙伴是个"科学狂人"，我们一做完作业就会一起翻着字典读《飞碟探索》，对不明飞行物（UFO）几近痴迷。有一天，他很神秘地说，周六晚上12点后有机会在阳台上看到UFO，还有声有色地描述，当它接近小区时天空颜色会如何变化、街头的野猫野狗会如何乱窜。毕竟还是小孩子，已经被巨大兴奋冲昏头脑的我没有质疑一句"你怎么知道的"，马上拉着他研究怎样才能获得最佳观测效果。我们"头脑风暴"了半天，最后决定用整整一周的时间突破一个大挑战：将他爷爷的一幅双筒军用望远镜改造成更高倍数的单筒望远镜。结果可想而知，改造效果差强人意，UFO自然也没来，但那一周的高峰体验令两个孩子终生难忘——这就是创造带来的巨大回报。

创造是一种将复杂打散再整合的过程，它带来的高峰体验和将混乱变有序的心流类似。但不同于失去自我意识和情绪感知的深度心流，人在深度创造的过程中反而会与自己的情感产生亲密接触。Adobe公司2012年在多个国家基于5000多名成年人开展的一项基线研究[2]显示，有创造力的人的日常幸福感比缺乏创造力的人高很多，差距达到令人惊讶的34%！创造可以说是积极情绪的触发器，高创造力的人对自身各种情绪都非常敏感，自己是无聊的、懈怠的、痛苦的还是喜悦的，一清二楚，做一件事感到厌倦就离开，有好奇心了马上回来继续投入，他们无须用力觉察情绪就知道内心的状态。在这个时代，这似乎是一种不常见的特质：我们中大部分人在自己的生活里就像游戏中的NPC（Non-Player Character的缩写），需要时做出应该有的反应，无人注意时便在都市的钢筋丛林中冷漠地行走，有时候甚至不知道自己是否快乐，在何时因为什么而快乐。

激活创造力的离散模式

对自己的感受缺乏敏感，其实是创造力枯竭的表现。我在自序中提到的两段"无感"经历，就是处于这个状况，只是当时的自己还不知道，这也是为什么后来我接触到心流后如醍醐灌顶。创造力枯竭不仅无法再进入心流，正常程度的专注都无法保证，这种状况意味着复杂的意识已经从井井有条逐渐土崩瓦解，即使干坐在图书馆冰冷的长椅上再久也无济于事。那怎么样找回创造的感觉呢？答案是让自己进入专注模式

2　研究报告见Adobe官网。

的反面：**离散模式**。

对，你没看错，前面我们一直在讲专注，这里要讲如何科学地走神了。

想一想，你上次像在黑暗的车座上摸了半天安全带无果、突然"咔嗒"一声扣上的感觉是在什么时候。可能是在长时间淋浴时，可能是在散步时，总之就不是在集中注意力苦思冥想时。高度专注时的心流是最高效的模式，而当卡壳卡到不行时最好停一停，转换到一个创造力充电的离散模式。**离散模式是有意识的走神**，是我们主动选择放松对注意力的控制，有目的地放任它以自己的方式工作。进入离散模式能帮我们重新连接旧的思路、引入新的想法，让潜伏的念头浮出水面，而在这个时候，一味地专注反而成了敌人。

具体该怎么做呢？很简单：不要去管脑子里在想什么，抽离出来，让自己的心神到处流浪。

高度离散时的随机流浪是最有创造力的状态，这是在我第二次无感后才悟到的。当时手头的研究在一个人际传播理论上卡壳，读再多文献、再用力思考也无法解决，我天天坐在电脑前警告自己，今天没有点突破不许去吃饭。结果可想而知：当意识到自己熵增到快抑郁时，已经两个星期过去了。直到有一天我带着电脑去了又一城的 Pacific Café，想着一边啃个牛角包一边继续写，这时耳朵突然被店里播放的音乐吸引住了——这不是我最喜欢的那首 *The Girl from Ipanema* 吗？我把电脑放下，端起了咖啡，久旱逢甘露一般竖起耳朵捕捉着每一个音符，看着周围来来去去的人，思绪不自觉地开始猜测那些人什么关系、在聊什么、做出的反应是什么动机……这个充满乐趣的过程大概持续了几分钟，突然头顶像被拍了一下——我知道这个理论缺什么了!

过后我便经常带着电脑到处找地方写论文,咖啡店、酒吧、博物馆、森林公园……还为此配了一个大容量的高电压充电宝。此外还爱上了长距离散步,曾经一篇论文的思路突破就产生于和师弟从窝打老道的学校走到尖沙咀天星码头的那一个多小时。而在这个过程中我也加深了对自己的了解:我是一个善于进入专注模式但不善于进入离散模式的人;新的环境能带我进入离散模式,而环境噪声对自己的影响其实很小,如果想从离散模式切换回专注模式并不费力。

离散模式这种有意识走神的神奇之处在于,虽然我们的意识是在自由游荡,想解决的问题其实一直躺在意识和潜意识的交汇层,一旦有关联的信息出现,它能立刻帮我们捕捉并关联起来。这就是和更常见的无意识走神(不知道自己在走神,毫无知觉地拿起手机)最大的不同。而它更好的地方在于它对每个人都很自由、友好,你可以像我一样抱着电脑去咖啡店,也可以根据自己的喜好去健身、去看展、去按摩、去做手工,或坐在树下发呆,只要不是习惯性地一从专注模式退出就掏出手机刷刷刷就行。很多人创造力枯竭的一个主要原因是:我们的认知能量没有得到充分的休息,它筋疲力尽了,所以散步、喝咖啡都可以让意识漫游充电。但看手机(类似的还有看电视这类被动活动)只会让注意力更得不到休息,这不是在进入离散模式,只是在无目的走神。

要抓住创造带来的幸福,我们既要为专注付出努力,也要为离散留出空间,让身边的环境赐予自己灵感。想维持创造的满足,仅沉浸在心流状态中是不够的,还需要具备在专注和离散两种模式间切换的能力,而这种能力是可以在日常训练中得到的。

《像高手一样思考》[3]的作者杰伊·谢蒂（Jay Shetty）曾在他的书中提到一项简单但引人深思的调查：加利福尼亚大学洛杉矶分校心理系的研究人员问该系教职员工和学生是否知道最近的灭火器在哪儿，结果只有24%的人记起它就在填写调查问卷处几米外的位置，而在旁边办公室工作了25年的教授们居然完全没注意过这个灭火器——可见对这些高认知人群而言，长期保持专注模式并不难，但对偶尔进入离散模式却非常陌生。然后，杰伊提出了一个很有启发性的建议，鼓励人们把注意力集中在自己每天都会经过的一条路上，边走边观察有哪些地方和前一天不同，提升觉察力和专注力。这个方法将原本冷漠的、机械的"路过"转变为主动的、探索性的"发现和感受"，某种意义上便是在带着心流创造生活。

　　都说Deadline（最后期限）是第一生产力，对于享受创造的人来说，好奇心才是第一生产力。

　　确实，有创造力的人都特别敏于观察、心态开放，他们对事物的看法和感受既与常人相似，又有相异的洞见。创造是一种追求先极致复杂再极致简化的活动，有创造力的人通常也有着复杂的性格和简单的行事准则，使他们能在离心的两股力量间自如游走、保持平衡。最重要的是，它能让我们充满活力、内心丰富多彩，并比常人更能接触到自己的潜意识。

　　创造是幸福的活力之源。一起试着创造吧！或许你会发现自己离天才并没有那么远。

3　原书名为 *Think Like a Monk: Train Your Mind for Peace and Purpose Every Day.*

利他：幸福感的持久秘诀

前面我们已经浅浅地涉及了一下"利他"，你对这个词又是怎么定义的呢？

成为一名利他者，并不是必须成为一个毫无私心的人——这有违人的天性，是不可能的。利他更不是指一味无条件付出和帮助他人——这无法使自己的感知变得更好，也无法长久让他人变得更好，是不应该的。真正的利他就像佛教中提出的"自利·利他"，是通过自己的努力让双方都获益的那种可持续的、健康的行为。已故的京瓷（今天的 KDDI）创始人、经营之神稻盛和夫在他的《心：稻盛和夫的一生嘱托》中也有一句类似的鞭辟入里的归纳："**利己则生，利他则久**"，意思是在持有让自己幸福的"利己之心"的基础上，在有能力的基础上关爱他人、为他人付出，从而使彼此都感受到价值。

所以，纯利己折射出的是存量信念，也就是第二章中说的固化型思维者的心态：这个世界的资源是固定的，给你了就意味着我损失。而利他是一种更高级的、对自身无损的利己。利他者持有的增量信念使得自己的善意最终能发展为增值的价值交换。

我在第一次尝试创业时和所有创业者一样，缺资金、缺"贵人"。当时项目虽申请了香港数码港微创基金，但还在苦苦摸索方向。一个朋友给我引荐了一位已经退休的金融界前辈，说此人非常鼓励年轻一代追逐梦想。那次见面我深感不虚此行，前辈给了我很多让我茅塞顿开的好建议，还答应做我的名义顾问。

在陆续喝过几次咖啡聊项目后，一天见面时，他提出愿意提供给我一笔个人资金，我以为他要入股，没想到他说："这是无偿的，我知道你一个拿学生签证的非本地生在香港不允许合法打工，而政府基金按规定也不能用于生活支出，生活没有保障是做不好项目的。"——这确实是我当时最大的个人挑战，一个没有收入的穷学生还要从每月奖学金里抠出来一些钱投入项目，满溢的焦虑被前辈一眼看出。我思考了一下接受了这份好意，但没有接受无偿而是作为个人借款。

我承诺三年后还本息，并出于感激，股份依然按比例配给了他，于是他从名义顾问变成了实质上的团队成员。幸运的是，两年后我就把这笔借款翻了两倍还了这位前辈，他先是惊愕，随后也接受了，很开心地为家里换了辆新车。自此，我们成了无话不谈、无条件互相信任的忘年交。

这个故事原本不打算写在书里，但在写到利他这个话题时，脑中首先浮现出的就是这位前辈的身影。当时听到那个提议时，我也一直想不明白：他为什么要帮一个只粗浅了解的穷学生，还是不求回报地帮助？接受他的好意之后让我很长一段时间内心都不踏实，怕令前辈失望，唯有努力把事情做好。后来我终于明白了，他就是希望能给我这样的压力，以免我从伸展圈退缩回去。

真利他的吸引力法则

在这段经历中我悟到了很多,不是所谓行善积德或善有善报,而是一个更朴素的道理:物以类聚、人以群分。

人和人之间的吸引法则是很奇妙的,当有力量且有善意的人遇到同类时,哪怕是初次见面也能觉察出来。而这样的人从来不会盲目心生怜悯,他可以不求回报地帮助他人,但一定会对帮谁、怎么帮有所选择,而帮的目的是为了让对方能主动变得更好。此外,这位前辈提供的帮助表面上看是钱,其实他真正希望提供的是他的大脑、他的经验——而这也是我一开始就最想从他那里获得的,这就是双赢。之后我和极少几个朋友说了这个故事,他们都一下子抓到了重点——成就这段佳话的是双方都看重同样的东西,是认知,不是钱。如果将这个故事说给更多人听,可能一些人的第一反应是"你运气真好",或者"这也是个搞钱的思路"。

这个世界上很多的"求不得",实际上都来自心口不一,明明想要的只是钱,却摆出一副求知求教的样子,认知层级越高的人越能嗅出里面的不协调,这时再强求对方要利他便是道德绑架。很多人会觉得富人冷酷,确实有一些富人的利他带有目的性和功利性,从来不做没回报的付出,但也有像前辈这样的"人间清醒",外界之所以说他们冷酷,其实是自己想要什么不清楚,却奢望天上掉馅饼而不得。

真正的利他主义者都是低熵、高开放的成长型思维者。最佳的利他实践是在符合自身价值天性和优势特质的情况下,为正需要解决这类困难的人提供帮助,这不仅能让帮助的价值最大化,更能让提供帮助的人感到自己充满力量,这种帮助他人的机会,对他们来说甚至是幸运的。

如果你是一名高中教师，带领全班学生高考拿到好成绩、进入理想的大学，能使你获得浅层的满足，那么当有一天某个学生来看你时说，当时你带给学生的价值观使他最终选择了现在这个事业，并做得很好时，此刻的你除了延绵不绝的深度满足，内心必定充满了力量感。

所以，利他不是牺牲也不是讨好，它真正折射出来的是一个人的内在价值，以及这份价值多大程度上被自己和外界认可。我们有能力的时候，可以发挥所长帮助需要的人，有心无力的时候，努力提升自己的能力便是最大的利他。

利他是幸福的力量之源。当我们有一天发现自己的优秀能影响到周围的人并带着他们变得更好时，利他便会带给我们最大的回报——持久绵远的幸福感。

艺术：幸福感的放大神器

艺术是额外的人生

多年前在知乎上看到一个提问：人为什么需要艺术？有一个高赞回答的大意是：为了在看尽现实真相后，给自己另一个自给自足的家园。现实是冷的，艺术是美的，它既是现实中复杂的提炼，具有高度概括简洁的美，也是对现实中不可能的升华，借助想象获得自由——拿契克森米哈赖的话说，即"尽量跟日常生活中所谓的'不可逾越的现实'划清界限"。

说到艺术，大部分人首先会想到绘画、雕塑、建筑、诗歌、音乐、舞蹈六大传统艺术，也有人会想到电影和游戏，以及品酒等有一定理解和欣赏门槛的活动。艺术无法定义，我个人认为只要是能深度悦己的主动型活动都是艺术——从这个角度看，便包含了所有的心流活动。有人热衷于攀岩，有人沉浸于下棋，这些与现实产生区隔的活动为什么不能是艺术呢？我有个喜欢研究美食的朋友，她在尝试一个菜品或甜品时，不仅注重烹饪的技术让食物美味可口，还会像米其林餐厅主厨那样研究最简洁的制作步骤、最恰当的盘子搭配和摆盘，把单纯的制作美食上升到工匠般的钻研，这种不打搅任何人的自我取悦，也是在享受艺术。

艺术到底有什么用呢？

英伦才子阿兰·德波顿（Alain de Botton）在《艺术的慰藉》中大喊道："艺术，有什么用？艺术，是治愈心灵的工具！"在一个做任何事情都先看"有没有用"的时代，人的心灵永远都困在有限的现实中，人生的边界就只取决于"有用"的边界。人生的品质其实就是体验的品质，艺术的价值就在于扩大了我们心理的外延，相当于在现实以外还活出了另一种或多种人生。

带给我幸福感的艺术：爵士乐

大概从 21 岁那年开始吧，我突然迷上了爵士乐。

爵士乐是一种能将各种微妙的情绪表现得极致的音乐，色彩极强的和声、异常丰富的律动，各种反拍、浮点、切分的花样玩法，再加上即兴的特点，使这种音乐千变万化，难以预测。初次听到爵士乐时，我那个规范但沉闷的大脑像被什么东西一直搅动着，动不动就达到"颅内高潮"，但副作用是再去听流行乐时就觉得有点无聊了。

爵士乐的特点是"即兴"。"即兴"是什么意思呢？我的理解就是用音乐"对话"。

我们平时和人聊天你一句我一句，有人喜欢插嘴，有人惜字如金，有人语速超快，手舞足蹈，表达欲爆棚，有人喃喃自语，从语调中能感受到他欲言又止的情绪。千人千面，但都能聊起来，爵士乐也是一样，也是千人千音。每个乐手的个人风格强烈，平时说话什么风格，演奏时就出什么声音，没有语言也能"聊"起来。在一篇发表在某网络期刊的论文[4]里，神经生物学家们扫描了11位职业爵士乐手玩"四小节即兴"时大脑的活动情况。结果发现，当他们在演奏时，磁共振成像显示其大脑负责语言的区域活跃起来——也就是大脑认为这时候自己的主人在说话，把即兴演奏行为视为一种交流活动。我头几次去看一个乐手朋友演出，也觉得不可思议："啥？你俩真的是第一次见？都没排练过？"反正现场看他们默契得就像失散多年的兄弟。

这种不可思议的默契所体现的，拿心理学家基思·索耶（Keith Sawyer）的话说，是一种"集体心流"。当素不相识的乐手们聚在一起，几个互相试探的音符过后，每个人便进入了一种忘我的群体思维状态，个人意识融入整个以音乐为工具的"群聊"中。而所谓爵士乐听出门道，其实是指慢慢习惯了一种不通过语言的沟通体系，因此它对乐手要求高，对听众要求也高，无论是演奏它还是聆听它，都是对这种全新思考方式的考验。如果用心智意向性层级来粗略评估，大约四级以上才能品出味道，所以有个叫保罗·F.伯利纳（Paul F. Berliner）的"大神"干脆写了一本书，叫作《爵士乐如何思考：无限的即兴演奏艺术》。

爵士乐算艺术吗？对很多人来说不算，但对我来说算。

曾经我也想过为什么这东西能直击我的内心？答案是：它即兴的特点一下扩大了我心理的边界，就好像在每天一成不变的现实生活以外，有了另一个独属于自己的"房间"。爵士乐有用吗？确实没什么用，身边也没几个朋友听，社交时一般都不会涉及这个话题，它过高的门槛也

---

4 见 Donnay GF, Rankin SK, Lopez-Gonzalez M, Jiradejvong P, Limb CJ (2014) Neural Substrates of Interactive Musical Improvisation: An fMRI Study of 'Trading Fours' in Jazz. PLoS ONE 9(2): e88665.

决定了人们不可能很快学点皮毛就秀一把。但它对我的作用是——能成倍放大现实中有限的幸福感。所以每当取得了一些成绩或发生了一些好事，我都会来到这个"房间"和自己精挑细选的乐手们"对话"，每次聊嗨后，如快要熄灭的星星之火般的满足又重新被燃起来了。

  艺术是幸福的美感之源，它的美正在于它的无用。如果我们能欣赏无用之美，便说明自己的人生早就不局限于眼前的苟且了。

第九章

更好的自己在不远处

你将从本章了解到

如何将"真知"转化成"真行"

为什么有的人会享受独处

如何让自己获得最佳的践行效果

如何帮助身边的人一起成长

知行合一："真知"与"真行"

这本书快接近尾声了，也许你边读边试，已经开始践行活动有一段时间了（如果真是这样，我会非常高兴）。在这个过程中，有没有哪个部分让你特别不舒服：是限制了原本低质量的信息流？是有意识避免以外源性动机行事？是转换对拖延的认知？还是想控制注意力进入心流？或是尝试利他？

如果这种不舒服不是由于自己暂时做不到，而是你隐约觉得自己并不想改变，但为了变得更好在强迫自己改变。如果有，这就是知行并不合一，内心在扛着阻力前行。明明做着自己确定是对的事，为什么内心要唱反调？其实唱反调的不是你的心，而是刻在你基因里的天性。几乎所有现代意义上对自我成长有益的事都是天性要抵制的，因为演化时间不长的大脑前额叶皮层并不熟悉这些还没经过足够验证的行为模式——"把注意力都集中在盯着这页纸？这是干吗？赶紧看看四周有没有老虎！"——有没有发现，我们的大脑有点像小时候拖好学生下水的差学生，它不是很愿意让你变好（或者说变得不是它懂的那种好）。

这么看，"真知"要转化成"真行"好像很难办呢，尤其是还没看到好处的时候。这就是为什么前面这么强调要将行动目标拆分细化到一个个关键行动，最好能细化到不会惊动属于天性的警觉的神经。还有一个知行不合一的情况，准确地说叫"知多行少"。很多人肯定不止读这一本书，还会收藏很多干货，懂的道理越来越多，却越来越没动力开始行动。这个问题就在于——你懂得太多啦！多到焦虑一个劲儿地在喊停，"喂！你做不到啊！还来？不行不行！"

先行动，再思考

这怎么办呢？有一个策略：还记得前面曾提到过的认知失调理论吗？这个理论威力最大的一个用法就是——先行动，再思考，让行动先行一步来逼迫矛盾的态度和思维跟着协调一致。

比如你是个不愿意洗碗的人，另一半总是想你承担这份家务，你的内心当然会抗拒。而如果有一天并没有被要求，你却主动去把碗洗了，做完以后你会觉得洗碗也不是一件无法接受的事，甚至听着哗哗的水声、看着一只只碗变回干干净净的，还感觉有点美妙。如果你想逃避洗碗的内源性动机来自"这就不该是男人/女人干的活"，那么在主动把碗洗了之后，你对于性别分工的看法也会跟着发生变化。

除了认知失调理论，社会心理学领域的自我展示（Self-Presentation）和自我知觉（Self-Perception）理论都提出过类似的机制，即人在某些社会情境下会调整态度来适应对外展示的行为，以维护形象的一致性。比如一个意图打造健康素食人设的网红，哪怕本身只是更喜欢吃蔬果而并不排斥肉食，他也必须调整对肉食的态度来匹配自己展示给外界的行为，久而久之也有可能会真的排斥肉食。这种强大的心理暗示效应，就是那句烂大街的"fake it till make it"（装着装着就成真的了）。

上面这个策略对成长型思维者是很有效的。另外一种情况是自己还处于固化型思维模式中，习惯于想清楚、想明白才行动，而当他们用力想一个问题时，思维经常倾向于"我要么确定现在就做到，要么就干脆别做"，最后他们大概率会对几乎所有的改变都采取回避和否认的防御机制，来维护这个一成不变的自己。没有一个开放性的、动态的思维模式，自然就越想越想不通，那么试图先行动就会让自己无比别扭和痛苦。在这样的情况下，在尝试行为改变认知的策略之前需要先简化阻碍的核心思维，以及明确自己是不是想成为一个成长型的人。

和大脑签订"真行"契约

还有一个导致"真知"与"真行"脱钩的情况，是天性察觉到了你想做什么，然后为了节省能耗鼓动你找捷径。"我知道专注力需要训练，但有没有更简单的方法啊。"肯定有——那就是在你尝试了我提供的方法后，优化总结出更适合你的方法。对于找捷径这种绕圈圈的习惯，有一个和前面制定行动目标时一样的做法：**把"真行"具体做什么写下来。**理由也是一样，既然天性老要小聪明，那咱们就立字为据，在大脑的见证下签订一个和自己的契约。

"知行合一"和熵减践行互为因果。当我们的熵值降低时，知行必然容易合一，而合一后的知行又必定让我们内心秩序更加井然，能够更加轻松地进入心流——而当进入心流后，便是天然的知行合一的状态了。正如提出"知行合一"的王阳明所说的八字真言：大道至简，知行合一。天下最深刻的道理都是既简单又相似的，只是年轻时的我们大多不以为然。

完全的自由

"知行合一"有种吸引无数人花毕生工夫追求的魔力。这种魔力是什么呢？我的答案是：对自由的想象。

如果你去问身边的人想不想要自由，回答当然都是想的，再问在什么情况下会觉得自己是自由的，回答多数是财务自由、经济独立，无论发生什么身边人都不会离开，可以毫无顾虑地拒绝996，等等。这些需求固然重要，但本质上指向的是可以控制周围的一切人和事，换句话说——他们不是想要自由，而是不想要限制。但矛盾的是，大部分人既痛恨限制又离不开限制，因为限制能让我们清楚自己是谁：每天从同一个地方上下班、回家从同一条路回到同一个小区……这种沿着一个确定轨迹生活的感觉能让多数人感到安心。如果有一天突然说不用上班了，想干吗就干吗，每天去哪里回哪里全随你自由决定，你会不会在一阵迷茫后越想越怕？

事实上，大部分人是无法适应那种完全自由的体验的。而如果一个人是这样理解自由和追求自由的，必定会因知行无法合一而痛苦不堪。

完全的自由不是指"我想怎样就怎样"，而是意味着在开放自己拥抱内心的同时，能够坦然安于生活中的无常——因为无限的开放就意味着无限的不确定和不可控。事实上，一个人需要控制的事情越少，心灵就越自由，而越试图去控制一件事的时候，也就越被这件事所控制。前面讲到我以前陷入手机依赖就是个例子，当专心致志在一件事上而顾不上去管那些小红点时，反而就摆脱了手机的控制，那种自由的感觉让当时的我豁然开朗。

控制，其实是在把自由拱手让出：如果你越想控制另一半每天在做什么，那只要他愿意，他随便做点什么就能控制你；如果你特别想控制自己不要胡思乱想，那么脑中的任何念头都会反过来让你内耗；如果你竭尽全力想控制一件事不要往不好的方向发展，你信不信，那不想要的结果一定会发生——这就是被无数人验证过的**墨菲定律**[1]。

自由是一种主观的体验，我们能体验多少自由，事实上取决于自己能坦然接受多少不确定和不可控，该放手的放手，该抓住的抓住，想不明白的先行动了再说，但不要执着于结果。这确实特别难，毕竟在面对生活中浩如烟海的不确定和不可控时，人总是忍不住想去控制，但请记住这一点：只要你去控制，你就也会被控制。当决定去控制时，不要同时骗自己是为了自由就可以了。

---

[1] 墨菲定律（Murphy's Law）是由美国工程师爱德华·墨菲（Edward A. Murphy）于1949年提出的著名心理效应。它描述了一种概率现象：如果一个人觉得事情有变坏的可能，不管这种可能性有多小，只要内心觉得它总会发生，那最后一定会发生。这个现象适用于受概率影响的所有心理事件。

善用独处：让自己静静地发光

连续几年的疫情，使独处成了很多人最重要的人生一课。

你觉得一个人待着的这段时光，是难得的享受，还是无法忍受的孤独？

整个2022这一年，我有幸在大理这个似乎和疫情绝缘的地方安静地写作，每天除了倒垃圾和取从农场采购回来的食材，几乎足不出户，也无人打搅，这种状态足足持续了大半年。身处其他城市的很多朋友经常说羡慕我的自由自在，也慢慢让我心中泛起了"负罪感"——没有被隔离却还过着离群索居的生活，这可不就是在浪费自由吗！

但阿图尔·叔本华（Arthur Schopenhauer）表示不同意。他在《人生的智慧》中说："只有当一个人独处的时候，他才可以完全成为自己。谁要是不热爱独处，谁就是不热爱自由，因为只有一个人独处的时候，他才是自由的。"他还说，"大致而言，一个人对与人交往的热衷程度，与他的智力的平庸及思想的贫乏成正比。人们在这个世界上要么选择独处，要么选择庸俗，除此之外，再没有更多别的选择了。"——热爱社交的人看了这段话可能会气得跳起来。但那些宣称喜爱独处的人呢？很多只是借此标榜众人皆醉我独醒，以孤独的姿态来掩饰无法融入圈子的沮丧而已——这不是主动选择独处，而是被迫逃避社交。

在叔本华眼中，"人类幸福的两个死敌就是痛苦和无聊。"为了逃避痛苦和无聊而向外索取能量的人是不幸福的。但现代积极心理学的发现却正好相反，研究表明，主观幸福感最高的是那些日常独处时间最短、花时间在交际上最多的人。孰对孰错？我想辩论的焦点不在于独处还是社交，而在于排解痛苦和无聊的途径，如果解决不了这一点，无论是不是独处都不会幸福。

真正享受独处的人不是因为孤独有多"高级"，而是因为社交给不到自己想要的，孤独反而能带来好处，这是利弊权衡后的理性选择。独处的目的也从来不是为了孤独，只是这种最适合自己的自然生活形态正好被世人命名为"孤独"而已。如果聚会能比一个人待着更有效地排遣痛苦和无聊，他们也不会排斥。叔本华之所以认为热衷于交际是庸俗的，因为大部分交际确实是一种在人群中丧失自我、为了排遣他人无聊而进行的无意义的活动。独处是独自一人而不感到孤独，这是一种心满意足的状态——但这只是对他自己而言。

无处安放的注意力

对大部分现代人而言，只要手机不在身边，无论身处人群中还是在独处，都充满着难以忍受的痛苦和无聊。人们的注意力无时无刻不在寻求外在刺激，试图借助某事某物使自己的思绪和情绪活动起来，所以才紧抓着一切贫瘠单调的活动和五花八门的社交、娱乐机会不放。契克森米哈赖对于独处有类似的观点。

如果一个人不能独处时控制注意力，就不可避免地要求助于比较简单的外在手段：诸如药物、娱乐、刺激等任何能麻痹心灵或转移注意力的东西……一个人若能从独处中找到乐趣，必须有一套自己的心灵程序，不需要靠文明生活的支持——亦即不需要借助他人、工作、电视、剧场规划他的注意力，就能达到心流状态。[2]

北京大学社会学系教授郑也夫有一段更精辟的话。

适当的独处有利于形成"自我"。我一直有一个感觉，国人的"自我"弱于其他民族……何以有如此差异？我的分析是，中国人"社会性"太强，打压了"自我"，使我们每每逢迎他人。缺少独处就缺少"自我"，而无个性的人组成的社会是缺少美感的。[3]

是否享受独处，取决于在这种状态下自己的精神世界是否能自给自足。习惯独处的人享受的是一种敏锐的宁静，这对他们来说就是幸福。由于内心的充盈而满足，这些人平时很少会外溢太多自己的感受，也没有什么动力向外界展示，某种程度上就会被他人视为冷漠、凉薄、孤僻——如果你身边有经常进入心流的人，他们大概也经常收获类似的评价。

人作为社会动物，他人评价的分量对你我有多重无须赘言。

学生时代的我特别害怕独处，吃饭、去图书馆、看电影，甚至上洗

2　摘自《心流：最优体验心理学》，第289页。

3　摘自《心流：最优体验心理学》序一，第13页。

手间都要吆喝一声"有谁一起？"当没人陪在身边时，心情就开始低落，尤其害怕一个人走在回宿舍的路上被人打量，好像能听到他们心里在说："这人人缘好差，一看就没朋友。"那时候我也会参加一些喧嚣的聚会，宁愿装作很会聊天的样子，强忍住那些无聊的话题对自己的消耗，也不愿公开告诉别人自己更愿意一个人看看书。很久以后我才意识到，多数人对独处最大的误解是将它与寂寞、无助混为一谈，自己怕的其实是他人因误解投来的或同情或嘲讽的眼光而已。这种无谓的担心，使得当年的我将就了无数内心不想要的麻烦。

独处是一个人最好的增值时光

独处的本质是将自我无限放大，社交则是尽可能地缩小自我，去适应他人需要填补的空间。英国精神分析学家、心理学家唐纳德·温尼科特（Donald Winnicott）曾指出："**拥有独处的能力，是一个人情感成熟的最重要的标志之一。一个人想要找到好的生活状态，并不依赖于他人的成全。**"能坦然自如地独处意味着能与自己好好相处，而这种能力并不是人人都拥有的，它是一个成年人最可贵的奢侈品。村上春树是很多人熟知的"当代独处大师"。他在《当我谈跑步时，我谈些什么》中描述了自己日常的状态：每天有一两个小时和谁都不交谈，独自跑步也好，写作也好，都不会感到无聊。而和与他人一起做事相比，他更喜欢一个人默不作声地读书或全神贯注地听音乐。村上声称，只需要一个人就能做的事他能想出许多来，而这种看似孤独的生活他却乐在其中，并在独处期间高效地完成了无数作品。

如果说心流是一个人最高效的工作状态，那么独处便是一个人最好的增值时光。

当人在独处时会更加确定自己究竟想要什么。它能让我们的内心去繁就简，丢弃掉可有可无的欲望，留下真正让自己怦然心动的念头。疫情下每个人的生活变得艰难了，但换个角度看，这也是一个难得的自我增值期：经过初期的混乱、迷茫后，有人发展出了在阳台种菜的技能，有人开发出了各种花式菜谱，有人实现了以前总是半途而废的 Keep 计划……无论这些独处是主动的还是被动的，疫情的肆虐反而让一些人越活越勇敢、越玩越快乐，而在疫情过后拉开人与人之间差距的，可能恰恰就是这段独处的时光。

不要拒绝独处借给你的一臂之力，让自己静静地发光吧。

最佳的践行：将熵减理念带给他人

和他人分享践行心得

人既是社会动物也是逻辑生命体。我们大多数能痛下决心做的改变，都受到社会文化环境的影响，也许是身边某个脱胎换骨的人，也许是发生在周围的某件事，也许是无意中看到的一个TED演讲……某种眼见为实推出的因果关系，成了改变的最原始的驱动力。从获得最佳成长效果的角度看，最佳的践行就是将熵减理念带给他人——不是将这本书提到的方法塞给他人督促"改变"，而是将自己的践行心得分享给身边的人，并通过反馈进一步完善自己对这段旅程的理解——这就是大名鼎鼎的**费曼学习法**[4]。

费曼学习法的理念很简单，就是"以教促学"——通过向别人清楚地解说一件事，来验证自己真的弄懂了这件事。具体做法是：当你在生活中实践这本书中一个概念时，先把书放在一边，试着在一张纸上写下自己对这个概念的解释，看看能不能说明白。然后找到身边的人，占

---

[4] 费曼学习法（Feynman Technique）是由诺贝尔物理学奖获得者、加拿大物理学家理查德·费曼（Richard Feynman）所倡导的一种高效学习方法。费曼本人是一个天才，13岁自学微积分，24岁加入曼哈顿计划；该学习法因在硅谷盛行而风靡全球，谢尔盖·布林、比尔·盖茨、乔布斯、拉里·佩奇等都是费曼学习法的拥戴者。

用他们一些时间说明自己在做什么、为什么要这么做，如果有人感到疑惑，那你就一遍遍解释，直到能用自己的语言让对方轻松理解为止。注意：理解不代表认同，只要确认对方能听明白就够了，做这个练习的目的不是说服对方。比如你想通过认知失调理论改掉自己拖延论文写作的毛病，那就试着和同学解释这个理论和自己为什么要这么操作。这期间一定会有人越听越糊涂，也会有人质疑这个方法不行，请记住，这时不要为了维护自己的自尊马上反驳。只要保持耐心和对方继续就事论事地深入讨论，最后必定能帮助自己更清楚地知道怎么做更好。

无声地影响在乎的人

除了和他人分享心得，当你自己的成长渐入佳境时，也会希望帮最在乎的人一起变得更好。但怎么帮呢？直接推荐这本书和其他一堆你认为的干货给他吗？或许你已经试过了，如果不出意外，应该是个扫兴的结果。

我也曾做过类似的尝试，每当有朋友遇到挫折或陷入内耗，我会花大量时间和他们认真说心流、建议他们做熵减，还从工作上到生活上给出详细的建议，结果可想而知——道理上感觉都说明白了，但未见行动。其实，我本身是个非常不愿意去以个人意愿改变他人的人，所以往往觉得自己尽了朋友的本分就可以了，之后也不会很在意对方到底做没做。然而某些改变就发生在不在意的时候。有一天因为要测试这本书里提到的工具，我拜托朋友们散播一下"多维熵值/熵型评估量表"求些反馈，有几个人问我是什么熵型，我说之前是典型树懒型，目前是离海豚型还差一点的树懒型，希望写完这本书后就升级啦。他们突然活跃起来，抓住我探讨自己测试下来的熵值、熵型，还主动说想做点什么，想改变的意愿跃然而出，这让我又意外又惊喜。

现在回头再想其实原因很简单。因为写书的这几个月我自己先改变了很多，社交上做熵减，生活上做熵减，精神状态得到了肉眼可见的改善，虽然远称不上变得多好，但确实在发生变化。这些细微的变化在每次和朋友见面时他们都感受到了，于是有人也开始捧起了书，有人开始琢磨自己的下一个长期计划，还有人终于不再"想太多"，而踏上另一个城市的土地开展新的事业。改变这种事说不如做，希望他人做到不如自己先做到。如果你希望他和你一起变得更好，不必多说，先让自己变得更好，或许有一天他会感同身受并跟随你的。即使没有也没关系——"改变"并不一定真的对每个人都好，人都有选择自己成长方式的权利，我们能掌控的人生永远都只是属于自己的那一个。改变他人从来不是直接告诉他应该做什么，而是像蝴蝶扇动翅膀那样自己先做好自己的事，至于这股小气流会产生什么样的连锁反应不是任何人能控制的，我们能保证的只是在扇动那一刻朝着正确的方向。

这个世界很大，我们的肉身很渺小，但内心却和世界一样大，甚至更广阔、更深邃。回到这本书最初弗洛伊德的那段话，是不是只有当生命接近尾声时，我们才能知道自己究竟是不是这段人生的主宰？希望读完这本书的你能毫不犹疑地回答：不用等那么久，我已经走在主宰自己人生的路上了。

（终）

后记

想方设法做一个简单的人

过去数年我辗转于多个城市：苏州、上海、杭州、香港、珠海、广州……最后迫于疫情停下了步伐，在旅居大理期间写出了自己的第一本书。

虽然一直都喜欢读读写写，但此前从未想过有一天能成为一名写作者，甚至也没有和他人分享认知的欲望。而人的想法真的是会变的：曾经的我沉浸于自己的世界，着魔般地求知只是为了解开个人困惑，成为一个远离内耗的人；当这个愿望慢慢实现，内心和生活开始变得简洁有序后，我却被他人的一句话点燃了和更多人分享的念头。

想法变化的原因，可能是因为世界的变化吧。最近几年整个世界的局势可谓风起云涌，很多过去想都想不到的"黑天鹅"满天飞，压在每个人头顶的都是"失控"这两个沉重的大字。或许正因为目睹着这一切，内心才会更强烈地渴望未来变得更好、他人变得更好。针对这种大面积的、普遍的失控感，我在写这本书的初期就将它定位成一本既讲原理又注重实操的认知工具书。对我来说，最大的满足一定不是来自有多少人买这本书，而是有多少人真的会实践其中的理念，从得心应手进行一件具体的事开始，逐渐夺回对人生的掌控权——至少在内心层面。

在写作的过程中，我最大的兴奋来自身边那班朋友们——本身只是帮忙义务试读，读着读着，聊着聊着，积极的改变就悄然发生了，这就是润物细无声的威力。践行熵减本身是一件特别不容易的事，因为它对抗的是我们身边整个无序熵增的大环境。还记得吗？逆熵做功是非常吃力的，但只要持续非线性行动，累积的复利效应总会在某个拐点发生。本书一直强调的两个词："暂时"和"倾向"意味着即使你已经读完了这本书，正在积极地开展熵减实践，你也未必能马上感知到自己的变化。所以请不要着急，也不要贪心，如果你能把这本书里触动到自己的点——哪怕就那么一两个在生活中坚持尝试，剩下的就是耐心地等着临界点的到来。

再说说缺憾。作为首次把自己内心的想法通过写书展露给外界的人，我也免不了"想太多"，可能还有一些内容让你觉得"没写明白"。一个原因是书中涉及的交叉领域概念太多，本身对理解消化就是一个不小的挑战；另一个重要原因是我目前的写作经验有限，驾驭和梳理这么庞杂的主题的能力还不足，盼望你能包容。另外，虽然这本书围绕着自我成长的主题，但作为一个很普通的人，我不觉得自己有资格做任何人的人生导师。相反，我更盼望某一天得到你的反馈，成为彼此支持和互相学习的伙伴，共同应对无常的世界。

这段旅程的终点自然是感谢。

首先要感谢电子工业出版社和这本书的编辑于兰老师，谢谢你们对一名新作者的信任；感谢咪咕出版的编辑包敏燕老师，写一本书的愿望因你而萌芽，也因你而成真；还想感谢相识十多年的老同事尤以丁先生，同为惺惺相惜的爱书人，你的鼓励和建议对我意义重大；亲爱的爸妈，感谢你们这么多年包容我的任性，永远都支持我走自己想走的路……想好好感谢的人还有很多，其中最重要的是读完了这本书的你——虽然我们素不相识，但在一个平行世界里我们已经完成了一次有意义的交流。如果这是本对你来说有用的书，将是我莫大的荣幸。

　　践行熵减是夺回人生掌控权的起点，愿这个理念能带给你前行的力量——不是暂时的，而是长期的。最后想说一句可能一直没人和你说过的话：身处这个复杂时代，我们一起想方设法做一个简单的人吧！

杨　鸣

2022 年 6 月 16 日

参考资料

参考书目

[1] 米哈里·契克森米哈赖，《心流：最优体验心理学》，中信出版社（2017）。

[2] 米哈里·契克森米哈赖，《发现心流：日常生活中的最优体验》，中信出版社（2018）。

[3] 米哈里·契克森米哈赖，《创造力：心流与创新心理学》，浙江人民出版社（2015）。

[4] 埃尔温·薛定谔，《生命是什么》，北京大学出版社（2020）。

[5] 马丁·塞利格曼，《真实的幸福》，浙江教育出版社（2020）。

[6] 马丁·塞利格曼，《习得性无助》，人民大学出版社（2020）。

[7] 塔亚布·拉希德/马丁·塞利格曼，《积极心理学治疗手册》，中信出版社（2020）。

[8] 丹尼尔·卡尼曼，《思考：快与慢》，中信出版社（2012）。

[9] 戴伦·哈迪，《复利效应》，星出版（2019）。

[10] 卡罗尔·德韦克，《终身成长》，江西人民出版社（2017）。

[11] 阿尔波特·班杜拉，《自我效能》，华东师范大学出版社（2003）。

[12] 史蒂芬·科特勒/杰米·威尔，《盗火：硅谷、海豹突击队和疯狂科学家如何变革我们的工作和生活》，中信出版社（2018）。

[13] 斯瓦米·阿迪斯瓦南达，《冥想的力量》，浙江大学出版社（2010）。

[14] 卡伦·霍尼，《我们内心的冲突》，译林出版社（2016）。

[15] 皮尔斯·斯蒂尔，《战拖行动》，北京联合出版公司（2019）。

[16] 阿尔弗雷德·马歇尔，《经济学原理》，商务印书馆（2019）。

[17] 丹尼尔·丹尼特，《直觉泵和其他思考工具》，浙江教育出版社（2018年）。

[18] 卡尔·古斯塔夫·荣格，《未发现的自我》，东方出版中心（2021）。

[19] 亚伯拉罕·马斯洛，《需要与成长：存在心理学探索》（第3版），重庆出版社（2018）。

[20] 亚伯拉罕·马斯洛,《寻找内在的自我》,机械工业出版社（2020）。

[21] 杰伊·谢蒂,《像高手一样思考》,中国青年出版社（2021）。

[22] B.J.福格,《福格行为模型》,天津科技出版社（2021）。

[23] 斯科特·派克,《少有人走的路》,北京联合出版公司（2020）。

[24] 希娜·艾扬格,《选择：为什么我选的不是我要的？》,中信出版社（2019）。

[25] 塞德希尔·穆来纳森/埃尔德·沙菲尔,《稀缺：我们是如何陷入贫穷与忙碌的》,浙江人民出版社（2018）。

[26] 保罗·F.伯利纳,《爵士乐如何思考：无限的即兴演奏艺术》,译林出版社（2019）。

[27] 阿图尔·叔本华,《人生的智慧》,上海人民出版社（2014）。

[28] 村上春树,《当我谈跑步时,我谈些什么》,南海出版公司（2015）。

[29] Mihaly Csikszentmihalyi, Flow: The Psychology of Optimal Experience. (2009). Harper Collins.

[30] Kondepudi, D., & Prigogine, I. (2014). Modern thermodynamics: from heat engines to dissipative structures. John Wiley & Sons.

[31] Bandura, A., & Wessels, S. (1994). Self-efficacy (Vol. 4, pp. 71-81).

[32] John Koenig. The Dictionary of Obscure Sorrows. (2021). Simon and Schuster.

[33] Gordon Allport, Becoming: Basic Considerations for a Psychology of Personality. (1983). Yale University.

[34] Festinger Leon. A Theory of Cognitive Dissonance. Vol. 2. (1957). Stanford University Press.

[35] Walter Mischel, Personality and Assessment. (2013). Psychology Press.

[36] Kahneman, D., & Tversky, A. (2013). Prospect theory: An analysis of decision under risk. In Handbook of the fundamentals of financial decision making: Part I (pp. 99-127).

[37] Wallin, D. J. (2007). Attachment in psychotherapy. Guilford press.

[38] Csikszentmihalyi, M., Abuhamdeh, S., & Jeanne, N. Flow. (2005).In Elliot, J. Andrew, S. Carol, & V. Martin(Eds.), Handbook of competence and motivation. New York: GuilfordPress.

[39] Lembke, Anna, Dopamine Nation: Finding Balance in the Age of Indulgence (2021). Dutton Books.

参考论文

[1] North, D. C. (1993). The new institutional economics and development. Economic History, 9309002, 1-8.

[2] Tversky, A., & Kahneman, D. (1991). Loss aversion in riskless choice: A reference-dependent model. The quarterly journal of economics, 106(4), 1039-1061.

[3] Maier, S. F., & Seligman, M. E. (1976). Learned helplessness: theory and evidence. Journal of experimental psychology: general, 105(1), 3.

[4] Festinger, L., Schachter, S., & Back, K. (1950). Social pressures in informal groups; a study of human factors in housing.

[5] Bandura, A. (2006). Guide for constructing self-efficacy scales. Self-efficacy beliefs of adolescents, 5(1), 307-337.

[6] Izard, C. E. (2011). Forms and functions of emotions: Matters of emotion–cognition interactions. Emotion review, 3(4), 371-378.

[7] Hoemann, K., Feldman Barrett, L., & Quigley, K. S. (2021). Emotional granularity increases with intensive ambulatory assessment: Methodological and individual factors influence how much. Frontiers in psychology, 12, 2921.

[8] Huang, Zirui &Tarnal, Vijay & Vlisides, Phillip & Janke, Ellen & McKinney, Amy & Picton, Paul & Mashour, George & Hudetz, Anthony. (2021). Anterior insula regulates brain network transitions that gate conscious access. Cell Reports. 35. 109081. 10.1016/j.celrep.2021.109081.

[9] Puglisi-Allegra, S., & Ventura, R. (2012). Prefrontal/accumbal catecholamine system processes high motivational salience. Frontiers in Behavioural Neuroscience, 6, 31.

[10] Mark, Gloria & Gonzalez, Victor & Harris, Justin. (2005). No Task Left Behind? Examining the Nature of Fragmented Work. CHI. 2005. 321-330. 10.1145/1054972.1055017.

[11] Menon, Vinod. (2011). Large-scale brain networks and psychopathology: A unifying triple network model. Trends in cognitive sciences. 15. 483-506. 10.1016/j.tics.2011.08.003.

[12] Festinger, L., & Carlsmith, J. M. (1959). Cognitive consequences of forced compliance. The journal of abnormal and social psychology, 58(2), 203.

[13] Libet, B. (1980). Mental phenomena and behavior. Behavioral and Brain Sciences, 3(3), 434-434.

[14] Soon, C. S., Brass, M., Heinze, H. J., & Haynes, J. D. (2008). Unconscious determinants of free decisions in the human brain. Nature neuroscience, 11(5), 543-545.

[15] Fried, I., Mukamel, R., & Kreiman, G. (2011). Internally generated preactivation of single neurons in human medial frontal cortex predicts volition. Neuron, 69(3), 548-562.

[16] Kahneman, D., & Tversky, A. (1980). Prospect theory. Econometrica, 12.

[17] Mazur, J. E., & Coe, D. (1987). Tests of transitivity in choices between fixed and variable reinforcer delays. Journal of the Experimental Analysis of Behavior, 47(3), 287–297.

[18] Schwartz, B., Ward, A., Monterosso, J., Lyubomirsky, S.,White, K., & Lehman, D. R. (2002). Maximizing versussatisficing: HAppiness is a matter of choice. Journal of Personality and Social Psychology, 83, 1178–1197.

[19] Sramek, Petr & Simecková, M & Janský, L & Savlíková, J & Vybíral, Stanislav. (2000). Human Physiological responses to immersion into water of different temperatures. European journal of Applied physiology. 81. 436-42. 10.1007/s004210050065.

[20] Radkiewicz P, Skarżyńska K (2021) Who are the 'social Darwinists'? On dispositional determinants of perceiving the social world as competitive jungle. PLoS ONE 16(8): e0254434. https://doi.org/10.1371/journal.pone.0254434.

[21] Donnay GF, Rankin SK, Lopez-Gonzalez M, Jiradejvong P, Limb CJ (2014) Neural Substrates of Interactive Musical Improvisation: An fMRI Study of 'Trading Fours' in Jazz. PLoS ONE 9(2): e88665. https://doi.org/10.1371/journal.pone.0088665

参考报道/文章

[1] Valerie van Mulukom, Is it rational to trust your gut feelings? A neuroscientist explains. Published at The Conversation on May 16th 2018.

[2] Compound Interest Is Man's Greatest Invention. Published at Quorte Ubvestigator on Oct 31st 2011.

[3] Sorry, Lucy: The Myth Of The Misused Brain Is 100 Percent False. Published at NPR.org on July 27th 2014.

[4] Do we really use only 10 percent of our brains? Published at Scientific American on March 8th 2004.

[5] Drew Houston's Commencement address 'I stopped trying to make my life perfect, and instead tried to make it interesting.' Published at MIT.edu on June 7th 2013.

[6] 《2018年全国时间利用调查公报》，2019年1月25日发表于国家统计局网站。

[7] Elizabeth Bernstein, Why You Need Negative Feelings? Published at WSJ.com on Aug 22nd 2016.

[8] Susie Cranston & Scott Keller, Increasing the 'meaning quotient' of work. Published at mckinsey.com on Jan 1st 2013.

[9] Adobe' State of Create Study, Global Benchmark Study on Attitude and beliefs about Creativity at Work, Home and School, Published at Adobe.com on Apr 2012.